太空奥秘

看清宇宙真面目

K AN QING YU ZHOU ZHEN MIAN MU

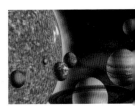

牛 月／编著

中国大百科全书出版社

图书在版编目（CIP）数据

看清宇宙真面目 / 牛月编著. —北京：中国大百科全书出版社，2016.1
（探索发现之门）
ISBN 978-7-5000-9804-1

Ⅰ.①看… Ⅱ.①牛… Ⅲ.①宇宙 – 青少年读物 Ⅳ.①P159-49

中国版本图书馆CIP数据核字（2016）第 024455 号

责任编辑：徐君慧　韩小群
封面设计：大华文苑

出版发行：中国大百科全书出版社
（地址：北京阜成门北大街 17 号　邮政编码：100037　电话：010-88390718）
网址：http://www.ecph.com.cn
印刷：青岛乐喜力科技发展有限公司
开本：710 毫米 × 1000 毫米　1/16　印张：13　字数：200 千字
2016 年 1 月第 1 版　2019 年 1 月第 2 次印刷
书号：ISBN 978-7-5000-9804-1
定价：52.00 元

前 言
PREFACE

　　几千年来，人类只能以肉眼观天看日。1609年，意大利著名科学家伽利略首先将望远镜应用于太空观测，遥远的物体看起来就更近、更大和更亮了。后来，英国著名科学家牛顿以反射面镜取代容易产生色差的透镜式望远镜，用于对宇宙太空进行观测。

　　在这之后，许多伟大的天文学家不断精心研究和改进光学望远镜，不断带来令人振奋的宇宙太空新发现，掀起一阵阵观星和科学研究的热潮。人们更希望看清宇宙太空的真面目。

　　经过三百多年的不断观测，人们不但对太阳系的行星有了大致了解，而且对于银河系等螺旋状星系、星云也有了更多认识。后来，环绕地球运行和观测的哈勃太空望远镜，因为没有地球混浊大气层的视野干扰和观测

点条件选择的限制，成为有史以来最具威力的望远镜，使人们观看宇宙的视野发生了革命性的改变。但是，人们还是难以真正看清宇宙太空的面目。

我国"神舟"10号飞船圆满完成载人空间交会对接与太空授课，"嫦娥"号卫星即将实现月球表面探测，"萤火"号探测器启动了火星探测计划……我们乘坐宇宙飞船遨游太空的时候就要到了！

21世纪，伴随着太空探索热的来到，一个个云遮雾绕的未解之谜被揭去神秘的面纱，使我们越来越清楚地了解宇宙这个布满星座、黑洞的魔幻大迷宫。

神秘的宇宙向我们敞开了它无限宽广的怀抱，宇宙不仅包括太阳系、星系、星云、星球，还蕴藏着许多奥秘。因此，我们必须首先知道整个宇宙的主要"景点"。

宇宙的奥秘是无穷的，人类的探索是无限的。我们只有不断拓展更加广阔的生存空间，破解更多的奥秘，看清茫茫宇宙，才能造福于人类并对人类文明有所贡献。宇宙的无穷魅力就在于那许许多多的难解之谜，它使我们不得不密切关注和质疑。我们总是不断地去认识它、探索它，并勇敢地征服它、利用它。

虽然，今天的科学技术日新月异，达到了很高水平，但对于宇宙中的无穷奥秘还是难以圆满解答。古今中外，许许多多的科学先驱不断奋斗，推进了科学技术的大发展，一个个奥秘被先后解开，但又发现了许多新的奥秘，又不得不向新的问题发起挑战。科学技术不断发展，人类探索的脚步永无止息，解决旧问题、探索新领域就是人类一步一步发展的足迹。

为了激励广大读者认识和探索整个宇宙的奥秘，普及科学知识，我们根据中外的最新研究成果编写了本套丛书。本丛书主要包括宇宙、太空、星球、飞碟、外星人等内容，具有很强的科学性、前沿性和新奇性。

本套丛书通俗易懂、图文并茂，非常适合广大读者阅读和收藏。丛书的编写宗旨是使广大读者在趣味盎然地领略宇宙奥秘的同时，能够加深思考、启迪智慧、开阔视野、增长知识，正确了解和认识宇宙世界，激发求知的欲望和探索的精神，激起热爱科学和追求科学的热情，掌握开启宇宙世界的金钥匙。

Contents 目录

天外去观光 ▌

Yu Zhou Zhong De Chang Cheng | 宇宙中的长城

宇宙长城是什么

宇宙长城并不是指某个星系，而是一大群星系的集合。星系有成群出现的现象，这叫星系群；而星系群也有成群出现的现象，叫作超星系团。例如我们的银河系就属于本星系群，本星系群是本超星系团的成员之一。

通过观测发现，宇宙中的大量星系都集中在一些特定的区域上，在这种极大的尺度结构上看去就像是长长的链条，所以叫宇宙长城，这可比星系的尺度要大得多。

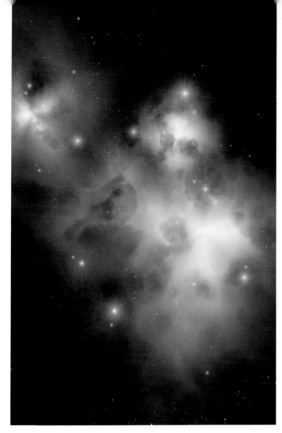
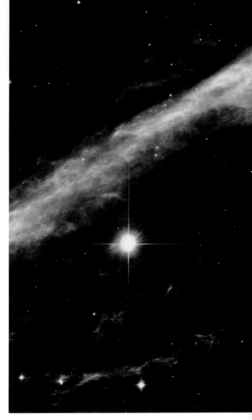

这个结构长约7.6亿光年，宽达2亿光年，而厚度为1500万光年，俨然就是一条不规则的薄带子的样子。天文学家们形象地称呼它为"长城"，后来就被人称为"格勒-赫伽瑞长城"。

宇宙长城的研究

多年来，美国天体物理研究中心的科学家约翰·赫伽瑞和玛格特·格勒一直不断研究，他们利用首创的三度空间图像可以推测宇宙建立在许多巨大空间的周围。这些空间看起来就像洗脸盆上的肥皂泡，而大大小小的星系就依附在"泡沫"上。有的"肥皂泡"相当大，直径达到15亿光年。

这些"肥皂泡"怎样产生的呢？构成星系的物质是如何空出这么巨大区域来的呢？此类问题在科学界引起激烈争论。有人认为，是大爆炸将物质从空间中心推向四周，从而形成"泡状"。这种说法存在很大问题，无法解释物质怎么跑完这么长的路程，并形成这么巨大的空间。

这道肉眼看不见的曲线形的"长城"，离地球大约2亿~3亿光年。由于距离遥远，它在一般的天文摄影照片上显示不出来。它使人们了解到宇宙中最大的发光结构不是银河系中的超星系团。与此同时又给人们一些启示：在太空中会不会还有更大的天体呢？

距离太阳系
最近的超星
系团

最大的宇宙结构体斯隆长城

科学家的发现

2003年10月20日，以普林斯顿大学的天体物理学家理查德·格特为首的一组天文学家，启动了一个名为斯隆数字天空观测计划的项目，他们利用新墨西哥州阿帕奇角天文台的大型望远镜，对1／4片天空中的100万个星系相对地球的方位和距离进行了测绘，然后把它们描绘在一张宇宙地图上面。

在这个地图上面，他们惊讶地看到了这个被命名为"斯隆"的巨大无比的由星系组成的"长城"。这样一种条带状的星系长城并不是第一次被发现。在1989年，天文学家格勒和赫伽瑞领导的一个小组，就从星系地图上面发现了一个明显的由星系构成的条带状结构。

科学的再探索

科学家们开动计算机，看到底能不能由现有理论通过模拟计算得到这样一种大范围条带结构。他们建立了一个巨大的由星系构成的宇宙模型，用来模拟真实宇宙里面包含了斯隆长城的那部分空间，用来组成斯隆长城星系，占到了整个模型里面星系数量的10%。

计算结果让天体物理学家大大松了口气，因为不管是7.6亿光年长的"格勒-赫伽瑞长城"，还是13.7亿光年长的"斯隆长城"，都还不是属于理论无法预测的结构。

Yu Zhou Li
De
Dao Yu

宇宙里的岛屿

宇宙岛是什么

在宇宙产生之初，就产生了不均匀的物质。在后来宇宙膨胀过程中，这些不均匀物质由于引力的作用逐渐收缩成一个个"岛屿"，这就是星系，人们就将其形象地称作"宇宙岛"或"岛宇宙"。

在16世纪末，意大利思想家布鲁诺推测恒星都是遥远的太阳，并提出了关于恒星世界结构的猜想。

至18世纪中叶，测定恒星视差的初步尝试表明，恒星确实是远方的太阳。这时，就有人开始研究恒星的空间分布和恒星系统的性质了。

1750年，英国人赖特为了解释银河形态，即恒星在银河方向的密集现象，就假设天上所有天体共同组成一个扁平系统，形状如磨盘，太阳是其中的一员。这就是最早提出的银河系概念。19世纪中叶，德国

科学家洪堡又提出了宇宙结构图像，将宇宙比喻为大海，银河系和其他类似的天体系统则是海洋中无数的小岛。

宇宙岛的研究

天文学家通过观测，看到宇宙中许多雾状的云团，便猜测可能是由很多恒星构成的，只是离得太远，人们无法分辨出来罢了。

现在人们观测到的河外星系已达上万个，最远者距银河系达70亿光年。估计河外星系数目大得惊人，若画一个半径达20亿光年的圆球，其内含有约30亿个星系，每个星系都包含着数以千亿计的恒星。

英国天文学家赫歇尔首先发现许多星云可分解成恒星群，后来又发现一些星云无法分解，于是他提出了星系并非宇宙岛的观点。至19世纪，人们借助更大的望远镜进行更仔细观测，特别是分光术的应用，使人们对星云的观测有了极大进步。只是因于赫歇尔的影响，人们对宇宙岛与星云的关系仍然缺乏正确认识。

宇宙岛起源假说

在20世纪，美国展开了关于宇宙岛的争论。人文学家柯蒂斯认为宇宙岛是河外星系，否则它们就是银河系的成员。另一位大文学家沙普利提出与柯蒂斯不同的观点。在20世纪的20年代，他们展开了激烈争论。

后来，哈勃进行了更精确地测量，证明了河外星系的存在，这样，而关于宇宙岛的争论才告结束。关于宇宙中的宇宙岛从何处漂移过来的问题，目前仍有很多的争论。

关于星系起源的理论更是不胜枚举，有代表性的是"引力不稳定性"假说和"宇宙湍流"假说。引力不稳定性假说认为，在30亿年间，星系团物质由于引力的不稳定而形成原星系，并进一步形成星系或恒星；宇宙湍流假说认为，

上图：宇宙岛是对星系的一种称呼，人类把宇宙比作海洋，把星系比作岛屿。

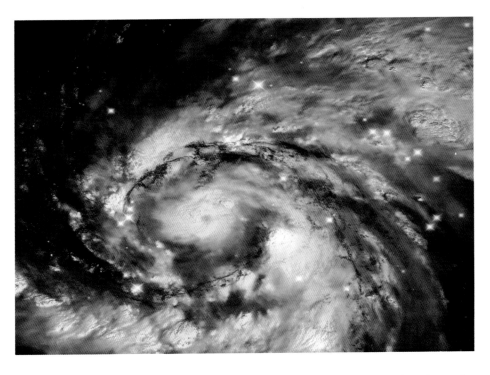

宇宙膨胀时形成旋涡，它可以阻止膨胀，并在旋涡处形成原星系。

这两种观点都认为星系形成了100亿年，但与其他一些关于星系起源的观点一样，虽然都产生了深远影响，却都不能完整科学地解释宇宙岛的理论问题。

宇宙岛适宜居住吗

长期以来，到宇宙去生活是人们的一个愿望。于是科学家们提出了一个设想就是"宇宙岛"。地球悬于太空中，是一个巨大的椭圆形球。它的特殊优越条件使几百万种生物能在地球上生存繁衍，科学家们于是以地球为蓝本，设计了一座宇宙岛。宇宙岛是一个直径500米的空心巨球，球的内壁有住宅、树林、河流等。将这座人造太空球放入宇宙，它每分钟自转两周。

在宇宙岛两极，可以办滑翔机俱乐部，由于失重，飞机能长时间在空中自由"散步"。在高纬度地区，可建造医院和疗养院，使那些腿脚不方便的人，在重力减小的情况下随意行走。宇宙岛上的气候能任意调节，设在200米高空的管子里的雨水可根据需要降雨。根据目前的科学水平是完全有可能制造这样的宇宙岛。但每一个太空圆球只能容纳10000个居民，于是科学家们又在设想建造一个更巨大的宇宙岛。

宇宙中的
超级星团

宇宙中的
黑色骑士

宇宙名片

名称：黑色骑士卫星

发现者：雅克·瓦莱

发现时间：1961年

特点：环绕地球逆向旋转

现状：未解

黑色骑士是什么

  1961年，在巴黎天文观测台工作的法国学者雅克·瓦莱发现了一颗运行方向与其他卫星相反的地球卫星，这颗来历不明的卫星被命名为"黑色骑士"。随后，世界上有许多天文学家按瓦莱提供的精确数据，也发现了这颗环绕地球逆向旋转的独特卫星。

  1981年，苏联的一家天文台也证实了黑色骑士的存在。法国学者亚历

山大·洛吉尔认为：黑色骑士可以用它自身与众不同的方式绕地球运行，表明它能够改变重力的影响，而这只有作为外星来客，即不明飞行物体才能做到。因此，这颗被称作黑色骑士的奇特卫星，可能与不明飞行物体有联系。

发现神秘天体

1983年1~11月，美国发射的红外天文卫星在猎户座方向两次发现一个神秘天体。1988年12月，苏联科学家和美国科学家在同一时间发现一颗巨大卫星出现在地球轨道上。

根据苏联的卫星和地面站跟踪显示，这颗卫星体积异常巨大，具有钻石般的外形，外围有强磁场保护，内部装有先进的探测仪器，似乎有能力扫描和分析地球上每一样东西，还装有强大发报设备，可将搜集到的资料传送到外空中去。

1989年，在瑞士日内瓦召开的记者招待会上，苏联宇航专家莫斯·耶诺华博士公开了此事。他强调说："这颗卫星是1989年底出现在我们地球轨道上的，它肯定不是来自我们这个地球。"他还表示，苏联将会出动火箭去调查，希望尽量找出真相。

科学家的研究

随后，世界上有200多位科学家表示愿意协助美苏去研究这颗神秘卫星。苏联科学家在20世纪60年代初期，首次发现一个离地球达2000千米的特殊太空残骸。经过多年研究，他们才确信那是一艘由于内部爆炸而变成10块碎片的外星太空船残骸，并向新闻界宣布了这个消息，于是引起了世界上的关注。

莫斯科大学的天体物理学家玻希克教授说，他们使用精密的电脑追踪这10片破损残骸的轨道，发现它们原先是一个整体。

据推算它们最早是在同一天，即1955年12月18日，从同一个地点分离，显然这是强力爆炸所致。

他说："我们确信这些物体不是从地球上发射的，因为苏联在大约两年之后，也就是1957年10月才将第一颗人造卫星射入太空。"

著名的苏联天体物理研究者克萨耶夫说："其中两个最大片的残骸直

径约为30米，人们可以假定这艘太空船至少长60米、宽30米，从残骸上看，它外面有一些小型圆顶，装备有望远镜，还有碟形无线以供通信之用。此外，它还有舷窗供探视使用。"这位研究者补充说："太空船的体积显示，可能有5层。"

另一位苏联物理学家埃兹赫查强调说："我们多年搜集到的所有证据显示，那是一艘机件故障的太空船发生爆炸。"他还说："在太空船上极可能还有外星乘员的遗骸。"

科学家的再探索

在苏联宣布他们发现外太空飞船残骸的10年后，一位美国天文学家约翰·巴哥贝曾在科学杂志上发表了一篇文章，其中提到了有10块不明残片就像10个小月亮似地围绕地球运行。

他认为，它们来自一个分裂的庞大母体，而这个不明物体分裂的时间就是1955年12月18日。这与苏联科学家的研究结果不谋而合。同时，约翰·巴哥贝也驳斥了炸裂物体的存在只是一种自然现象的可能性。

是对，是错？科学家对此还一无所知，这颗60年前被发射升空的人造卫星，它的主人到底是谁呢？他们发射该卫星的目的何在？这一切都有待进一步研究。

| 宇宙里的
四大天王

四大天王都有谁

在星空中的"黄道"上，有4颗明亮的一等星，而且它们彼此间的相隔也差不多，基本上可以作为一年中4个季节的代表星，所以人们习惯把它们称为"四大天王"。这4星分别是：狮子α、天蝎α、南鱼α和金牛α。

黯淡的狮子座α星

照西方星座的划分，轩辕十四属于狮子座，称为狮子座α星。按我国古代星座来划分，轩辕十四则属于轩辕星座。轩辕星座由17颗星组成，狮子座α星正是其中最亮的星，即主星。

轩辕十四的光呈蓝白色，实际光度比太阳亮150倍。它离我们约77万光年，在亮星表上排名第二十一。

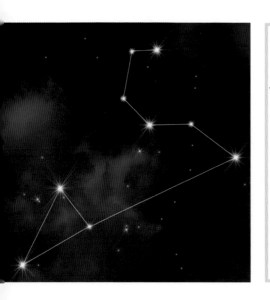

宇宙名片

名称：狮子座
拉丁全称：Leonis
面积：947平方度
面积排名：12
象征物：狮子
流星雨：狮子座流星雨

金牛座
星云

　　它是一颗最黯淡的1等星，因为排在它之后的弧矢七的视星等为+1.5等。它的光度为太阳的260倍，表面温度12200摄氏度，半径为太阳的3.6倍，质量是太阳的4.5倍。由于地球的公转，大约每年8月20日左右，太阳恰好位于地球与轩辕十四之间。

　　在白昼我们无法看见它被太阳遮没的景象。月亮有时也会运行到轩辕十四的连线上，即月亮恰好位于地球与轩辕十四的连线上，这时我们就可以看见它被月亮遮住的景象了。这种现象称为"月掩星"。

心宿二是什么星

　　天蝎座是夏天最显眼的星座，它里面亮星云集，亮度大于4的星就有20多颗。天蝎座在黄道上只占据了7度的范围，是12个星座中黄道经过最短的一个。

　　天蝎座从α星开始直至长长的蝎尾都沉浸在茫茫银河里。α星恰恰位

穿过太阳系
的流星

宇宙名片

名称：天蝎座

拉丁全称：Scorpius

面积：496.78平方度

面积排名：第33位

象征物：蝎子

流星雨：天蝎座 α 流星雨

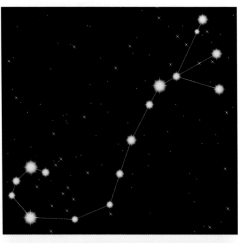

上图：天蝎座星云图

下图：南鱼座星云图

于蝎子胸部，因而西方称它"天蝎之心"。我国古代，正好把天蝎座 α 星划在二十八宿的心宿里，叫作"心宿二"。

天蝎座 α 星的主星其实是个半规则变星，亮度变化于0.9等星至1.8等星之间，变光周期48年。表面温度3600摄氏度，半径为太阳的600倍，表面积是太阳的36万倍，质量却只有太阳的25倍。

因为心宿二的亮度和颜色很像火星，而且两星的运行轨道都在黄道，当火星运行到天蝎座时，两个红星闪耀天空，于是心宿二由此得名。古代波斯将心宿二、毕宿五、轩辕十四、北落师门合称四大王星。火星和天蝎座 α 星是全天最红的两个天体。火星，荧荧似火，也称"荧惑"；心宿二色红似火，又称"大火"。若两"火"相遇，则两星斗艳，红光满天。

古人认为荧惑是不祥的征兆，而在心宿附近徘徊，所以叫"守"，这种天象在古代人看来是不吉利的现象，认为不是宰相要被撤职就是皇上要死，所以自古以来就引起人们的极大注意，并把它称为"荧惑守心"。下

一次荧惑守心将发生在2016年4月18日火星在心宿二附近停留，5月30日火星冲日，在6月30日左右又停留，继而改为顺行，8月24日左右火星赤经又与心宿二相等，从而形成荧惑守心的天象。更关键的是，这时土火几乎相合，金木水几乎相合，两个相聚仅越75度，还不足半个天空。这就是说在2016年，我们将看到同年发生荧惑守心和五星连珠。

南鱼座 α 星孤独吗

南鱼座 α 星在我国古代被称为"北落师门"，它距地球22光年，视星等为1.16，绝对星等2.03，是第十八亮星。秋季的亮星很稀少，它简直是最亮的一颗了。卡诺·霍夫梅斯特在1948年完成的著作《流星雨》中，研究了德国人观测的5406颗流星，并收集到了关于南鱼座 α 的更多资料。

1910~1930年的观测结果也说明在7月29日这天时，辐射中心位于赤经336度、赤纬–28度。

卡诺·霍夫梅斯特指出，8月2日的另一个极大位于赤经336度、赤纬–28度。他认为这种现象可能与当时也活动的宝瓶座流星群有关。

Yu Zhou Zhong
De
Hei Dong

宇宙中的黑洞

黑洞的力量

黑洞是一种引力极强的天体，就连光也不能逃脱。当恒星的史瓦西半径小到一定程度时，就连垂直表面发射的光都无法逃逸了。这时恒星就变成了黑洞。

黑洞的"黑"，是指它就像宇宙中的无底洞，任何物质一旦掉进去，似乎就再不能逃出。由于黑洞中的光无法逃逸，所以我们无法直接观测到黑洞。然而，我们可以通过测量它对周围天体的作用和影响来间接观测或推测到它的存在。

黑洞也会发光

黑洞会发出耀眼的光芒，体积会缩小，甚至会爆炸。当英国物理学家史迪芬·霍金于1974年做此预言时，整个科学界为之轰动。

科学家经过研究得出：尽管人们对于黑洞吞噬光线的能力了解得更多一些，但是它们也可以成为灿烂光芒的发源地，被黑洞吞没的物质会在黑洞周围形成一个呈螺旋形运动的圆盘，而圆盘在剧烈的翻腾过程中所产生的摩擦会将气体加热到白热状态。天文学家认为，这就是类星体发光的原因。因此，当天文观测的结果开始证明更多的普通星系中央存在着黑洞时，天文学家自然会认为它们是能量已经耗尽的类星体。

黑洞改变星系的形状

20世纪70年代，牛津大学的詹姆斯·宾尼通过计算认为：大多数椭圆形星系的形状都非常奇怪，它的X轴、Y轴、Z轴中应该有一条较长，而另一条的长度则介于二者之间。椭圆形星系看上去可能有点像一粒西瓜籽，或者一个被压扁的橄榄球。但是，后来的天文学观测表明，大多数椭圆形星系的形状要比宾尼描述得更为对称。因为星系中央的黑洞扰乱了该星系恒星的运行轨道，从而使它们变得不稳定。事实上，我们很难相信黑洞拥有强大的吸力。但是，利用哈勃天文望远

镜工作的天文学家公布了一张照片，使关于黑洞的强大力量之说有了新的证据，从中可以看到宇宙中电子流的喷发。

宇宙名片

名称：黑洞

别称：无底洞

发现者：卡尔·史瓦西

发现时间：1916年

主要探索人：霍金

逃逸速度：313248km/s

宇宙黑洞新发现

英国剑桥天文研究所一个小组利用电脑模拟黑洞"吞噬"物质的情形，发现黑洞原来也有"饱到呕"的时候，并非"贪婪"。这项发现使人们对黑洞的"成长"过程产生疑问。研究小组负责人普林格尔博士说："天文学家一般假设黑洞通过吸入物质不断扩大。那表示在银河系的演变过程中，中央黑洞会以极快速度扩张，我们在探索太空时，

理应可看到这个过程。"

　　不过，天文学家却找不到物质被慢慢吸入黑洞继而燃烧发光的现象。电脑模拟过程显示，物质在浮向黑洞之后，随即被"吐"了出来。因此，银河系的中心隐藏一个超巨型的黑洞，它拥有极大的万有引力能吸吮光线。天文学家早就怀疑有黑洞存在，原因是在黑洞周围旋转的气团及宇宙尘中排放出微弱的辐射。不过，天文学家却是到了现在才找到证据，证明确实存在黑洞现象。

白洞是否存在

　　到目前为止，白洞并未发现。在技术上要发现黑洞，甚至超巨质量黑洞，都比发现白洞要容易。也许黑洞都有对应的白洞，但在现实中，白洞可能并不存在，因为真实的黑洞要比这个广义相对论的描述要复杂得多。它们并不是在过去就一直存在，而是在某个时间恒星坍塌后所形成的。这就破坏了时间反演对称性，因此如果顺着倒流的时光往前看，将看不到白洞，反而看到黑洞变回坍塌中的恒星。

　　虽然白洞尚未发现，但在科学探索上，也许将来有一天，天文学家会真的发现白洞的存在。

宇宙中的怪物

Yu Zhou Zhong De Guai Wu

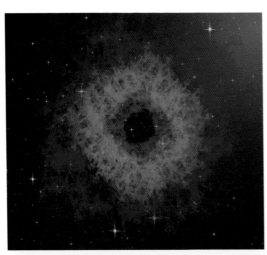

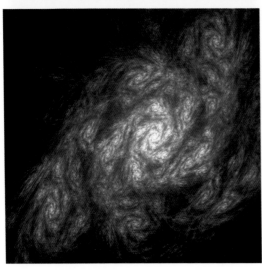

天文学家的发现

多年前，美国天文学家意外发现一种特具攻击性的神秘天体，它正以光速运动着，所到之处贪婪地"吞噬"着恒星和行星。

从事恒星和全球特异现象研究多年的美国著名天文家卡尔·塞沃林博士说："在我的天文学生涯中，从未见过这种宇宙怪物。"

最初，天文学家将其误认为宇宙黑洞，即衰亡并发生星体坍缩的恒星，它具有极强的引力，进而能"吞噬"其他天体并将其"粉身碎骨"，还能使时间和空间扭曲变形。

天文学家的研究

天文学家对其进行连续观测和详尽研究后发现，宇宙怪物同宇宙黑洞之间有着天壤之别，最大的差异是，宇宙怪物能从恒星的背后悄悄溜过，还能像一只跟踪猎物的豺狼穿越整个宇宙空间。自此以后，美国天文学家卡尔·塞沃林博士和

他的同行们便对其进行密切注视和观测。天文学家还发现，这个宇宙怪物偶尔还闪烁发光。有时还发现，它还能像鳄鱼吃动物尸体一样把恒星和行星"咬"成一个个碎块吃掉。

天文学家的推断

天文学家据此推断，在不远的将来，我们地球也会受到这种威胁，不排除被这种宇宙怪物吃掉的可能。

目前，它正以光速运动着，若照此速度计算，再过10000光年时间它就会到达地球。然而，天文学认为，我们眼下还尚不清楚这个神秘的宇宙天体究竟是何物，所以难以想象它到底能运动得多快。

> **宇宙名片**
>
> 名称：宇宙怪物
> 发现者：卡尔·塞沃林
> 特点：吞噬其他天体
> 速度：299792.458km/s
> 现状：未解

Yu Zhou
De
Huo Dong Xing Xi

宇宙的
活动星系

活动星系的特点

活动星系又称激扰星系，是有猛烈活动现象或剧烈物理过程的星系，包括类星体、塞佛特星系、射电星系、蝎虎天体等。

活动星系最主要的特点是：星系中心区域有一个极小而极亮的核，称为活动星系核；强的非热连续谱；光谱中有宽的发射线。

有的活动星系有快速光变，时标为几小时至几年。有的活动星系有明显的爆发现象，如喷流。活动星系的特点大多数是与活动星系核联系在一起的。有些活动星系，如类星体、蝎虎座BL型天体，辐射的绝大部分来自

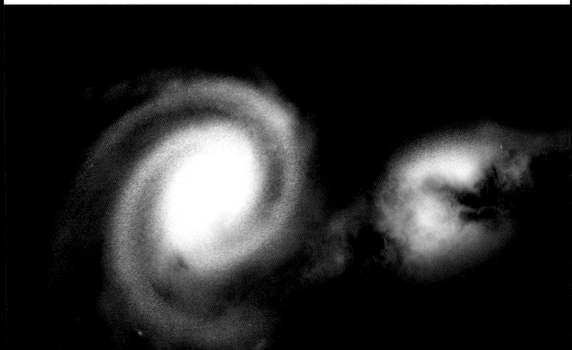

星系核，其他部分的辐射几乎观测不到。

活跃星系核

活跃星系核是一类中央核区活动性很强的河外星系。这些星系显得比普通星系活跃，在从无线电波到伽马射线的全波段里都发出很强的电磁辐射，人们将它们称为活跃星系。活跃星系核是这些星系明亮的核心部分，尺度通常在一光年上下，只占整个活跃星系的很小一部分。但由于其光度大大超过宿主星系，因此活跃星系核通常也指整个活跃星系。

自1960年星体发现以来，又相继发现了许多具有类似特征的天体，都是河外星系，统称活跃星系核，共同点是光谱具有很高位移，表明距离远在宇宙学尺度上，同时光度很高，远远高于普通的星系。

进一步观测显示，这些天体往往具有快速的光变，光变时标从数小时到数日不等，显示其尺度只占整个星系的很小一部分。

此外，活跃星系核的光谱范围非常宽，表现为非热辐射谱，还具有很强的发射线，同时往往伴有喷流现象。几十年来发现的活动星系核种类繁多，包括西佛星系、类星体、射电星系、蝎虎座BL型天体等，而且不同种类之间观测特征相互混杂。

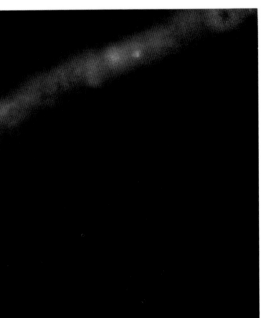

活跃的宇宙
星系

活动星系的分类

活动星系主要有西佛星系，类星体，蝎虎座BL型天体，低电离核发射线区，窄线X射线星系，星爆星系几类。除此之外还有N星系、兹威基星系、高偏振类星体、低光度活跃星系核、热星体等。

根据射电波段的辐射，还可以分为射电宁静活动星系核与射电噪活动星系核两大类。其中，射电宁静活动星系核包括：低电离核发射线区、塞弗特星系以及部分类星体，射电噪活动星系核包括射电噪类星体、耀变体，包括蝎虎座BL型天体和光学剧变类星体、射电星系等。

活动星系的演化

长期以来人们一直对它们的机制和演化感到困惑，投入了大量的人力和物力进行研究，使得活动星系核成为20世纪90年代以来天文学最热门和最活跃的研究领域之一。目前得到广泛接受的观点认为，活动星系核由超大质量黑洞和吸积盘构成。

依据理论和观测研究，人们建立了活动星系核标准模型，即中央是一个黑洞，周围的物质受到引力作用下落，在黑洞周围形成了吸积盘。由于耗散作用气体被加热到很高的温度，并逐渐下落到黑洞中央，并且形成了沿吸积盘法线方向的喷流。活动星系核的观测特征主要依赖于中心黑洞、吸积盘的特征以及视线方向。

Yu Zhou Li De Mai Chong Xing

宇宙里的脉冲星

什么是变星

在恒星世界中，有很多是人们未知的天体和奇特的天体。脉冲星就是其中之一。人们最早认为恒星是永远不变的，其实，有些恒星也很调皮，并且变化多端。于是，人们就给那些喜欢变化的恒星起了个形象的名字，叫变星。脉冲星，就是变星的一种。1967年，英国女研究生贝尔发现狐狸星座有一颗星发出一种周期性的电波。后来，把这种不断地发出电磁脉冲信号的未知天体命名为脉冲星。脉冲星的一般符号是PSR。

脉冲星的周期

脉冲星发射的射电脉冲的周期性非常有规律。一开始，人们对此很困惑，甚至曾想到这可能是外星人在向我们发电报联系。

宇宙名片

名称：脉冲星
类型：变星的一种
特性：发射射电脉冲
发现者：乔丝琳·贝尔
时间：1967年
直径：大多为20千米左右

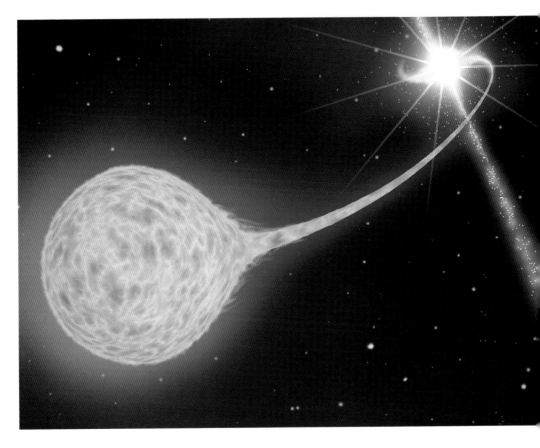

　　1968年，有人提出脉冲星是快速旋转的中子星。中子星具有强磁场，运动的带电粒子发出同步辐射，形成与中子星一起转动的射电波束。由于中子星的自转轴和磁轴一般并不重合，每当射电波束扫过地球时，就接收到一个脉冲。脉冲的周期其实就是脉冲星的自转周期。脉冲星靠消耗自转能而弥补辐射出去的能量，因而自转会逐渐放慢。但是这种变慢非常缓慢，以至于信号周期的精确度能够超过原子钟。而从脉冲星的周期就可以推测出其年龄的大小，周期越短的脉冲星越年轻。

发射脉冲信号的天体

　　1967年夏天，著名的英国射电天文学家休伊什和女研究生贝尔发现一个能发射无线电脉冲的天体。1968年2月，他们在英国《自然》杂志发表了一篇轰动世界的文章——《观测到脉冲电源》。后来这个天体被命名为脉冲星。当时他们发现这个天体很有规律地发射一断一续的脉冲，每1.337秒就重复一次。开始，他们以为是地球上某个无线电台发射的信

号。不过这一假设很快就被否定了。后来又怀疑是从某个具有超级文明的星球上发来的电报，后来才肯定这种脉冲信号来自一个未知的天体。

脉冲星并非或明或暗地闪烁发光，而是发射出恒定的能量流。只是这一能量汇聚成一束非常窄的光束，从星体的磁极发射出来。星体旋转时，这一光束就像灯塔的光束或救护车警灯一样扫过太空。只有当光束直接照射到地球时，我们才能探测到脉冲信号。这样，恒流的光束就变成了脉冲光。绝大多数的脉冲星可以在射电波段被观测到。少数的脉冲星也能在可见光、X射线甚至γ射线波段内被观测到，例如著名的蟹状脉冲星就可以在射电到γ射线的各个波段内被观测到。

科学家的研究

科学家们对这种脉冲现象进行了仔细认真的研究，确定这是脉冲星自转的结果。它自转一周，我们就观察到一次它辐射的电磁波，因此就形成了一断一续的脉冲。这种脉冲星经研究才知道它就是科学家们早已预言过的中子星。早在1932年，苏联著名物理学家朗道就推测宇宙里可能存在一种频度很高的、差不多全由中子组成的中子星。1934年，美国科学家巴德和兹维基又假定说，中子星可能形成于超新星爆发的过程中。休伊什和贝尔的发现，完全符合以上的猜测。第一，只有非常小的天体才能迅速旋转，脉冲星就具备这个条件，有的最短周期达0.033秒；第二，就目前发现的脉冲星来看，其中一部分就存在于超新星爆发的遗迹中。

研究发现，脉冲星所在的地方正好是超新星爆发时应该形成中子星的地方。

至此，关于脉冲星还有一些问题科学家至今还没有答案，如，脉冲星内部为什么总处于超导状态和超流动状态？为什么只有蟹状星云脉冲星发射光量子？

Xing Ti Zhong
De
Si Da Jin Gang

星体中的
四大金刚

四大金刚都有哪些

谷神星、智神星、婚神星和灶神星是小行星中最大的4颗，被称为四大金刚。谷神星处在火星与木星之间的小行星带中。其平均直径为952千米，等于月球直径的1/4，质量约为月球的1/50，和青海省的面积相当，又被称为1号小行星。谷神星是太阳系中已知体积最大的小行星，也是第一颗被发现的小行星。现在它又是太阳系中最小的，也是唯一的一颗位于小行星带的矮行星。

2006年6月，美国太空总署将发射Dawn探测器前往谷神星，预计于2015年8月到达。

智神星同样处在火星与木星之间的小行星带中，是其中较大的一个，直径600千米。这是1802年发现的第二颗小行星。

宇宙名片

名称：谷神星

学名：Ceres

发现者：朱塞普·皮亚齐

分类：矮行星

逃逸速度：0.51km/s

发现时间：1801年1月1日

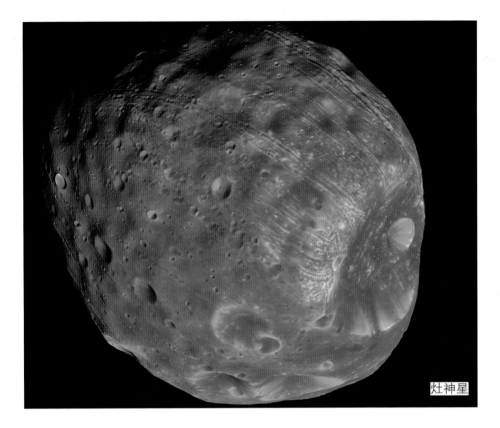

灶神星

　　智神星是第三大小行星，体积与灶神星相似，但质量较小。智神星可能是太阳系内最大的不规则物体，即自身的重力不足以将天体聚成球形。智神星体积虽然很大，但作为小行星带中间的天体，它的轨道却相当倾斜，而且偏心率较大。

　　婚神星处在火星和木星的小行星带之间，它在数千万小行星里面体积第四，直径240千米，也称3号小行星。古罗马神话中，婚神星是助产女神，职能是引导新娘到新家，使婴儿见到光明。在这个小行星上，还有一座叫"贾宝玉"和一座叫"林黛玉"的环形山呢！

　　灶神星是第四颗被发现的小行星，也是小行星带质量最大的天体之一，仅次于谷神星。灶神星的直径约为530千米，质量估计达到所有小行星带天体的9%。

发现四大金刚

　　1801年皮亚齐发现了第一颗目标之后，他就宣布他注意到这是一个缓慢且均匀运动的天体，是不同于彗星的天体。但是之后几个月却丢失了这

运动着的太阳系行星

左上图：婚神星在数千万小行星里面体
　　　　积第四大，直径240千米长。
左下图：灶神星是德国天文学家海因里
　　　　希·奥伯斯发现的。

个天体的行踪，直至年底才被德国
数学家高斯初步计算出轨道位置。
这个目标就是现在列为矮行星的谷
神星。

　　智神星由德国天文学家奥伯斯
于1802年3月28日发现，是继谷神
星之后第二颗被发现的小行星。高
斯测量了智神星的轨道，轨道对黄
道面的倾斜较大。

　　婚神星是德国天文学家卡尔·哈
丁发现的。婚神星是首颗被观测到
掩星的小行星。1958年2月19日，
在SAO 112328前方经过。此后，又
观测了几次婚神星的掩星，成果最
丰硕的是1979年12月11日由18位观
测者共同完成的。

　　灶神星，又称4号小行星，是
德国天文学家奥伯斯于1807年3月
29日发现的。自从1807年发现灶神
星之后，在长达37年的时间中，未
再发现其他的小行星。在这期间，
只有4颗小行星为人所知，被人们
称为"四大金刚"。

　　2007年9月27日，北京时间19
时34分，"黎明"号从美国佛罗里
达州卡纳维拉尔角空军基地由一枚
德尔塔2型火箭运载，顺利升空，
开始了它的星际探索之旅。它将远
赴火星和木星之间的小行星带，首
先探测灶神星，此后再赶往谷神星
继续观测，帮助专家寻找太阳系诞

宇宙名片

名称：灶神星
学名：Vesta
发现者：海因里希·奥伯斯
星体大小：578×560×458 km
分类：小行星带天体
发现时间：1807年3月29日

生的线索。2015年3月7日，NASA宣布"黎明"号正式进入谷神星轨道，成为首个造访矮行星的人造探测器。

研究四大金刚

2003年年底至2004年年末，哈勃太空望远镜首度摄得谷神星的外貌，发现它相当接近球形，而且表面具有不同的反照率，相信拥有复杂的地形。

有天文学家甚至推测，谷神星具有冰质的幔及金属的核心。近年从测光的结果表明，智神星的自转轴倾角接近60度，这代表智神星上不同地区的日照长度有强烈的季节性。另一方面，天文学家仍未能就智神星的自转方向有一致的看法。

透过掩星及测光方法，使天文学家能够间接推测出智神星的形状。詹姆斯·L·希尔顿在1999年的研究中认为婚神星的轨道在1839年有微小的改变。

这种变动是由于身份尚未获得确认的小行星经过附近的摄动，而且不可能是由其他的天体撞击造成的影响。对于灶神星，科学家有大量有力的样品可以研究，有超过200颗以上的HED陨石可以用于洞察灶神星的地质历史和结构。灶神星被认为有以铁镍为主的金属核心，外面包覆着以橄榄石为主的地幔和岩石的地壳。但是，我们只是了解了"四大金刚"的一部分，许多细节还需要科学家们不断地去探索研究。

神奇的
太阳耀斑

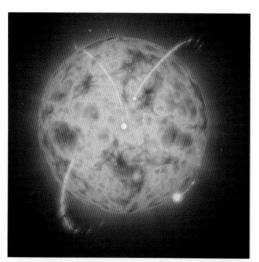

天文学家的发现

　　1859年9月1日，两位英国的天文学家分别用高倍望远镜观察太阳。他们同时在一大群形态复杂的黑子群附近，看到了一大片明亮的闪光发射出耀眼的光芒。这片光掠过黑子群，亮度缓慢减弱，直至消失。这就是太阳上最为强烈的活动现象，即耀斑。由于这次耀斑特别强大，在白光中也可以见到，所以又叫白光耀斑。耀斑的寿命一般只存在几分钟，个别耀斑能长达几小时。

耀斑是色球爆发吗

　　在明亮的太阳光球之上就是美丽的色球层。太阳色球层中活动最剧烈的是耀斑，也叫作"色球爆发"。用望远镜观察时可以发现，在光球层黑子附近会突然出现局部增色球爆发现象，并在瞬间亮度和面积迅速增大，然后再慢慢消失，人们一般将增亮面积超过了3亿平方千米的称作耀斑，把小于3亿平方千米的称作亚耀斑。

　　耀斑在爆发时要释放出巨大的能

量，大耀斑可在10多分钟内就释放出10000亿亿尔格至10万亿亿尔格的能量，这相当于100亿颗百万吨级的氢弹爆炸。如果发生在地球上，差不多每个人都要承受两颗氢弹的打击，可见它的威力足可以毁灭整个地球。

耀斑是怎么产生的

人们认为，耀斑的能量来自磁场，这是一个巨大的强磁场区域的突然瓦解。但是诱发磁场迅速瓦解的原因，以及它为什么能够释放出那么多的辐射，人们还没有做出科学的解释。为了解决耀斑这个太阳物理中的最大难题，科学家们提出了几十种耀斑理论的模型，一方面进行地面观测，一方面发射了许多航天器在太空中进行全面观测。尽管如此，人们对耀斑的认识还停留在表面阶段，耀斑的许多问题还有待解决。

太阳耀斑爆发

2011年2月15日10时左右，太阳黑子活动区爆发了一次X2.2级耀斑。本次耀斑的爆发引起了中国上空的电离层骚扰，对短波通信构成影响。这是近年来最大级别的耀斑爆发。耀斑会导致地球日照面的短波信号衰减甚至中断，本次耀斑对中国南方地区的短波通讯造成了一定影响。在此之前，2月14日凌晨，该活动区曾爆发了一次M6.6级耀斑，太阳射电流量也达到第24太阳活动周的新高。但是耀斑后未见显著的太阳风暴征兆，对地球影响不大。

活跃期的太阳耀斑

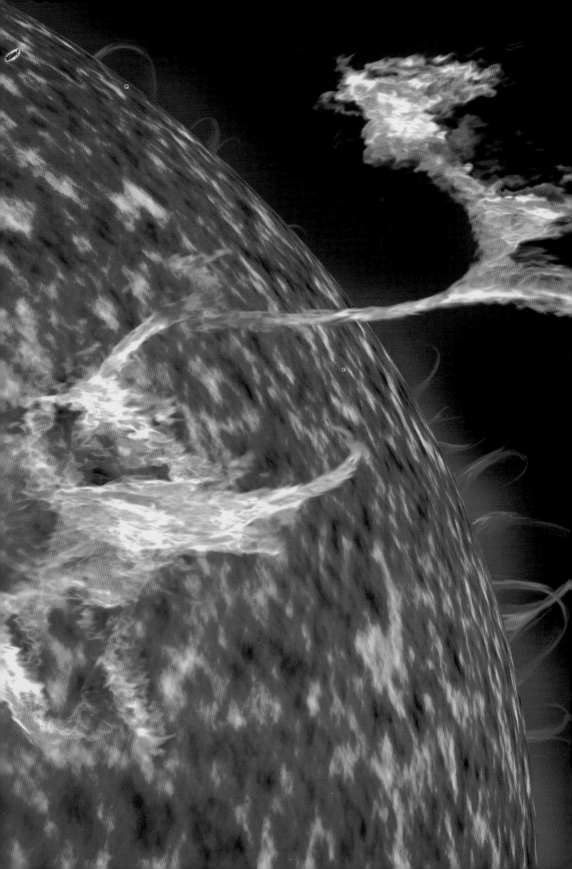

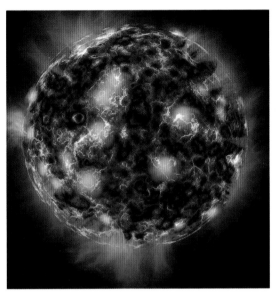

耀斑对人类有危害吗

　　色球层的耀斑会产生大量的紫外线、X射线、V射线辐射并抛出大量的高能粒子。它们到达地球后，将会对地球产生强烈的影响。例如，它们扰乱了地球的磁场，引起磁爆；对于在宇宙航行的人和其他生物会造成生命危险，并且还使飞船中的仪表受到损坏。特别是强烈的辐射破坏了地球电离层，致使短波通讯中断。传说，第二次世界大战时，有一天，德国前线战事吃紧，后方德军司令部报务员布鲁克正在操纵无线电台传达命令。突然，无线电台与前线失去联系，战役以失败而告终。布鲁克因此受到军事法庭判处死刑。布鲁克的死在于人们当时对耀斑还不了解。

科学家的权威解释

　　太阳耀斑真的会在2012年毁灭地球吗？科学家称，太阳一直处于高放射性的环境当中，太阳活动的兴起和衰落周期大约是11年，根据最新的观测资料显示，近段时间以来，太阳表面出现了一个中等大小的磁结现象。这可能预示着新一轮太阳活动周期的到来。2012年1月末，欧洲各国开始出现极寒，科学家不得不考虑其与太阳耀斑的联系。

　　然而，观测表明，2012年耀斑所携带的辐射并没有穿过地球的大气层，直接影响到地面上生存的人们，但是大气以外的人类飞行器，如卫星、GPS和通信信号都受到程度不同的干扰。而且这轮太阳耀斑还直接影响到无线电信号，并且是全球性的大面积影响。

| # 宇宙中的
星系盘

星系盘概念

　　星系盘是圆盘星系，例如螺旋星系或透镜星系的一部分。星系盘是其中的平面部分，包含有螺旋、棒状和星系的盘状物。星系盘倾向于比核球和晕有着更多的气体、尘埃和年轻的恒星。它也被注意到，在多数盘状星系盘面都有星系自转问题，即恒星的轨道速度与可见的总质量计算所显示不一致。

星系盘研究

规则星系中具有盘状结构的组成部分。规则星系的最常见的形态是一个盘加一个中心核球。这种类型的星系，即旋涡星系和棒旋星系的典型星系盘，直径为104~105光年，厚度则为103光年，质量约为109~1011太阳质量。星系盘有旋涡或棒状结构，或既有旋涡又有棒状结构。星系盘的旋涡形式大部分是双旋臂的。

国外科学家丹佛于1942年指出，旋臂可以很好地用对数螺旋线方程式表示。根据科学家林家翘等人提出的密度波理论，这种旋臂不是固定的物质臂，而只是一种密度的波动花样。通常，星系盘绕着垂直于它的中心轴线做较差自转，即旋转角速度和离中心的距离有关。

星系盘特征

研究表明，星系盘的较差自转，对形成和维持盘的准稳结构起着很大的作用。星系盘中的恒星主要是星族Ⅰ恒星，多半是属于主星序的年轻恒星。盘中还有大量的气体、暗星云和尘埃，亮度随离中心距离增加而减小。大尺度的扁星系盘，具有巨大的角动量。星系盘的形成以及它的角动量的来源是一个重要的研究课题。

上图：星系盘是圆盘星系的平面部分，包含有螺旋、棒状和星系的盘状物。

下图：星系盘比一般星系有更多的气体、尘埃和年轻的恒星。

星系的 红移现象

Xing Xi De
Hong Yi
Xian Xiang

宇宙红移现象

天体的光或者其他电磁辐射可能由于三种效应被拉伸而使波长变长。因为红光的波长比蓝光的长，所以这种拉伸对光学波段光谱特征的影响是将它们移向光谱的红端，于是全部三种过程都被称为"红移"。

第一类红移

第一类红移在1842年由布拉格大学的数学教授克里斯琴·多普勒做了说明，它是由运动引起的。当一个物体，比如一颗恒星，远离观测者而运动时，其光谱将显示相对于静止恒星光谱的红移，因为运动恒星将它朝身后发射的光拉伸了。类似地，一颗朝向观测者运动的恒星的光将因恒星的运动而被压缩，这意味着这些光的波长较短，因而称它们红移了。

一个运动物体发出的声波的波长(声调)也有与此完全相似的

变化。朝向你运动的物体发出的声波被压缩，因而声调较高；离你而去的物体的声波被拉伸，因而声调较低。任何遇到过急救车或其他警车警笛长鸣擦身而过的人，对以上两种情况都不会陌生。声波和电磁辐射的上述现象都叫作多普勒效应。

多普勒效应引起的红移和蓝移的测量使天文学家得以计算出恒星的空间运动多快，而且能够测定，比如说，星系自转方式。天体红移的量度是用红移引起的相对变化表示，称为z。如果z=0.1，则表示波长增加了10%等。只要所涉及的速率远低于光速，z也将等于运动天体的速率除以光速。所以，0.1的红移意味着恒星以1/10的光速远离我们而去。

第二类红移

1914年，工作在洛韦尔天文台的维斯托·斯里弗发现，15个称为旋涡星云，即星系的天体中有11个的光都显示红移。1922年，威尔逊山天文台的埃德温·哈勃和米尔顿·哈马逊进行了更多的类似观测。哈勃首先确定了星云是和银河系一样的另外的星系。然后，他们又发现大量星系的光都有红移。

至1929年，哈勃主要通过将红移和视亮度的比较，确立了星系的红移与它们到我们的距离成正比的关系，即称为哈勃定律。这个定律仅对很少几个在空间上离银河系最近的星系不成立，例如仙女座星系的光谱显示的是蓝移。起初，遥远星系的红移被解释成星系在空间运动的多普勒效应，似乎它们全都是由于以银河系为中心的一次爆炸而四散飞开。但很快就意识到，这种膨胀早已蕴含在发现哈勃定律之前10多年发表的广义相对论方程式之中。

当阿尔伯特·爱因斯坦本人1917年首次应用那些方程式导出关于宇宙的描述时，它发现方程式要求宇宙必须处于运动状态——要么膨胀，要么收缩。方程式排除了稳定模型存在的可能性。由于当时无人知晓宇宙是膨胀的，于是爱因斯坦在方程式中引入一个虚假的因子，以保持模型静止；他后来说这是他一生"最大的失误"。去掉那个虚假因子后，爱因斯坦方程式能准确描述哈勃观测到的现象。方程式表明，宇宙应该膨胀，这并不

是因为星系在空间运动，而是星系之间的虚无空间，是时空在膨胀。这种宇宙学红移的产生，是因为遥远星系的光在其传播途中被膨胀的空间拉开了，而且拉开的程度与空间膨胀的程度一样。

宇宙的衡量标准

由于红移正比于距离，这就给宇宙学家提供了一个测量宇宙的衡量标准。量竿必须通过测量较近星系来校准，虽然这种校准还有一些不确定性，但它仍然是宇宙学唯一最重要的发现。

　　没有测量距离的方法，宇宙学家就不可能真正开始认识宇宙的本质，而哈勃定律的准确性表明，广义相对论是关于宇宙如何运转的极佳描述。

　　由于历史原因，星系的红移仍然用速度来表示，尽管天文学家知道红移并非由通过空间的运动所引起。一个星系的距离等于它的红移"速度"除以一个常数，这个常数叫作哈勃常数，它的数值大约是600千米/（秒·百万秒差距），这意味着星系和我们之间距离的每一个百万秒差距将引起600千米每秒的红移速度。对我们的最近邻居来说，宇宙学红移是很小的，而像仙女座星系那样的星系显示的蓝移确实是它们的空间运动造成的多普勒效应蓝移。

　　遥远星系团中的星系显示围绕某个中间值的红移扩散度；这个中间值就是该星系团的宇宙学红移，而对于中间值的偏差则是星系在星系团内部运动引起的多普勒效应。

　　哈勃定律是唯一的红移/距离定律，稳定宇宙除外，不论从宇宙中的哪个星系来观测，这个定律看起来都是一样的。

　　每个星系，非常近的邻居除外，退离另一个星系的运动都遵循这条定律，膨胀是没有中心的。这种情形通常比作画在气球表面的斑点，当气球吹胀时，斑点彼此分开更远，这是因为气球壁膨胀了，而不是因为斑点在气球表面上移动了。从任意一个斑点进行的测量将证明，所有其他斑点的退行是均匀的，完全遵守哈勃定律。

巨大的陨石
撞击行星

　　当红移大到相当于大约1/3以上光速时，红移的计算就必须要考虑狭义相对论的要求。所以红移等于2并不表示天体的宇宙学速度是光速的两倍。

　　事实上，z=2对应的宇宙学速度等于光速的80％。已知最遥远类星体的红移稍稍大于4，对应的速度刚刚超过光速的90％；星系红移的最高纪录属于一个叫作8C1435+63的天体，其红移值等于4.25。宇宙微波背景辐射的红移是1000。

第三类红移

　　第三类红移是由引力引起的，而且也是爱因斯坦的广义相对论所阐明的。从一颗恒星向外运动的光是在恒星的引力场中做"登山"运动，因而它将损失能量。当一个物体，比如火箭，在引力场中向上运动时，它损失能量并减速，这就是为什么火箭发动机必须点火才能将它推入轨道的原因。但光不可能减速，光永远以比300000千米每秒小一点点的同一速率C

传播。既然光损失能量时不减速，那就只有增加波长，也就是红移。

原理上，逃离太阳的光，甚至地球上的火把向上发出的光，都有这种引力红移。

但是，只有在如白矮星表面那样的强引力场中，引力红移才大到可测的程度。黑洞可以看成是引力场强大到使试图逃离它的光产生无穷大红移的物体。

所有三类红移可能同时起作用。如果我们的望远镜非常灵敏，能够看见遥远星系中的白矮星的话，那么白矮星光的红移将是多普勒红移、宇宙学红移和引力红移的联合效果。

大多数类星体的红移大于1。红移是河外天体共有的特征。因此，绝大多数天文学家认为，类星体是河外星体。

红移-视星等关系的统计的结果表明：哈勃定律对于河外星系是适用的。就是说，它们的红移是宇宙学红移，它们的距离是宇宙学距离，它们的红移和视星等是统计相关联的。

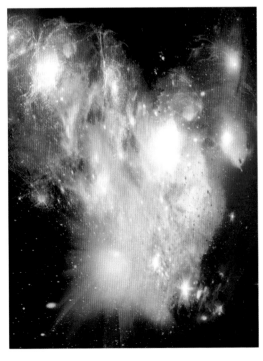

Shen Qi
De
Chao Xing Xi Tuan

神奇的
超星系团

超星系团的提出

自从存在宇宙岛的说法提出以后，人们发现了越来越多的星系和星系团。大家知道，太阳系之外还有数千亿颗恒星，共同组成了银河系；银河系之外还有千千万万个河外星系。这些星系往往两个一组，三五个一群地分布在宇宙空间，天文学家把它们叫作星系群。还有比星系群更大的集

团，10多个乃至上千个星系聚在一起，叫作星系团。

1953年，著名天文学家德伏古勒分析了亮星系的分布，提出了超星系团的概念，也称作二级星系团。他认为，本超星系团直径约2500万光年，由本星系群、室女星系团、后发星系团及一些小的星系和星系团构成。超星系团通常在一个超星系团内只含有2~3个星系团。拥有几十个成员星系团的超星系团是不多的。其空间范围大约几千万至几亿光年。

超星系团往往具有扁长的外形，长径范围为6000万秒~10000

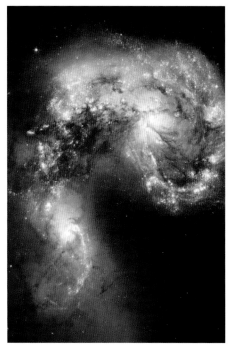

万秒差距，长短径之比平均约为4∶1；这种扁形结构可以说明超星系团通常有自转运动。

超星系团内的成员星系团的速度弥散度大约为每秒1000~3000千米，但各成员星系团之间的引力相互作用要比星系团内各成员星系之间的引力作用弱得多，因而有人认为超星系团可能是不稳定的系统。

若干星系团集聚在一起构成的更高一级的天体系统，又称二级星系团。

该星系群就同附近的50个左右星系群和星系团构成本超星系团。星系团聚合成超星系团的现象叫作星系的超级成团或二级成团。

天文学家的观测

1985年夏天，法国的天文工作者拉帕伦特在美国哈佛的史密森天体物理中心，用一架1.5米望远镜对超星系团进行了观测，并绘制了一张天文图。她发现星系散布得不同寻常，排列在非常薄和非常有限的表面上，这表面包裹着不寻常的泡泡之类的空洞，其直径达两亿光年。后来，科学家们通过进一步研究发现，这是一个已知的宇宙的最大结构，这一片星系层长约5亿光年、高2亿光年、宽0.15亿光年。

美国天文学家新发现

2010年，美国宇航局派遣了一架U-2飞机，在地球北半球高空测定宇宙微波背景辐射的过程中发现了一个特大的超星系团，延伸到20亿万光年的空间。与我们今天可观测的100亿光年的空间深度相比，这个超星系团占据了很大一部分。一位天文学家感叹道：宇宙在如此巨大的范围中还存在一定的结构，真是令人拍案叫绝！

本超星系团

本星系群所在的超星系团。20世纪50年代，沃库勒分析了视星等亮于13的1000多个星系的分布，发现这些星系集中在几条带上。由此，他认为，绝大部分的较亮的星系属于一个很大的扁平状集团，称为本超星系团。沃库勒的看法为以后的研究所证实。

本超星系团由本星系群、室女星系团、后发星系团及一些较小的星系群和团组成。其长径在3000万秒差距以上，厚约200万秒差距，质量中心在室女星系团附近。银河系的位置较接近本超星系团的边缘，离质量中心约1000万秒差距至1.2亿万秒差距。

宇宙的构成

美国天文学家认为，宇宙既不由暗物质构成，也不由星系之间的空洞构成，而是由一个巨大的超星系团和一个大空洞构成。另一些天文学家不同意这种解释，但是也承认超星系团的存在。甚至有些天文学家认为存在比超星系团更大的星系组合，即第三级星系团。超星系团的存在，说明宇宙空间的物质分布至少在100万秒差距的尺度上是不均匀的。

20世纪80年代后，天文学家发现宇宙空间中有直径达1亿秒差距的星系很少的区域，称之为巨洞。超星系团同巨洞交织在一起，构成了宇宙大尺度结构的基本图像。本星系群所在的超星系团称之为本超星系团。

| # 神秘的新星
和超新星

新星和超新星

有时候遥望星空，在某一星区出现了一颗从来没有见过的明亮星星，然而仅仅过了几个月甚至几天，它又渐渐消失了。这种奇特的星星叫作新星或者超新星。在古代又被称为"客星"，意思是这是一颗"前来做客"的恒星。

新星和超新星是变星中的一个类别。人们看见它们突然出现，一度以为它们是刚刚诞生的恒星，所以取名叫新星。

其实，它们不是新生星体，而是走向衰亡的老年恒星。它们是正在爆发的红巨星。当一颗恒星步入老年，它的中心会向内收缩，而外壳却朝外膨胀，形成一颗红巨星。

红巨星很不稳定，总有一天它会猛烈地爆发，然后抛掉身上的外壳，

超新星爆
发引发的
冲击波

神奇的超
新星

露出藏在中心的白矮星或中子星来。在大爆炸中，恒星将抛射掉自己大部分的质量，同时释放出巨大的能量。这样，在短短几天内，它的光度有可能将增加几十万倍，这样的星叫作新星。

如果恒星的爆发再猛烈些，它的光度增加甚至能超过1000万倍，这样的恒星叫作超新星。

超新星爆发的激烈程度是让人难以置信的。它在几天内倾泻的能量，就像一颗青年恒星在几亿年里所辐射的那样多，以致看上去就像一整个星系那样明亮！超新星的爆发异常猛烈，它以每秒几千甚至几万千米的速度向外发射能量，可以说是目前已知天体上最激烈的天体活动。目前在银河系中已发现超过200颗新星。

运行速度最快的恒星

2005年，美国天文学家发现了一颗恒星，其运行速度每小时超过240万千米。天文学家推测这颗星星运行速度如此之快，很可能是由于约8000万年前，一颗恒星和银河系中心的特大质量黑洞相遇促成的。不过这颗高速运转的恒星最终将飞离银河系，这也是人类发现的第一颗将要"逃跑"的恒星。海山二星是一颗罕见的超巨星，它的质量为太阳的120~150倍，位居银河系榜首。

海山二星位于银河系的"恒星摇篮地带"，这个位置附近一直以来是许多恒星诞生的地方。虽然如今光亮不再，但这颗巨星也曾闪亮过，亮度最高的时候人们在白天都可以看到它。

新星爆发的原因

观测证据表明，几乎所有的新星爆发都发生在双星系统之内，尤其是在那些密近双星上，如分光双星。在这样的双星系统中，两颗子星靠得很近，以致物质可能从质量较大的子星转移到质量较小的子星上。如果密近双星系统是由一颗红巨星和一颗白矮星组成。当元素氢等物质从红巨星冲向白矮星时，由于白矮星的强大引力场，物质在它的周围形成一个巨大的吸积盘。大量的物质坠落到白矮星的表面上，同时大量的引力势能转化为热能。当温度超过100万摄氏度时，氢核聚变被重新点燃了。核聚变释放出的能量又把白矮星表层加热到超过1000万摄氏度，这时就会发生新星爆发。

超新星爆炸的原因

关于超新星，人们已经发现了很多，但对其爆炸的原因，还只是处于猜测、设想阶段。目前一种较有说服力的观点是：恒星从中心开始冷却，它没有足够的热量平衡中心引力，结构上的失衡就使星体向中心坍缩，造成外部冷却，而红色的层面变热；如果恒星足够大，这些层面就会发生剧烈的爆炸，产生超新星。

天文学家的探索

20世纪末期，天文学家越来越多转向用计算机控制的天文望远镜和CCD来寻找超新星。最近，超新星早期预警系统项目也已开始使用中微子探测器网络来早期预警银河系中超新星。由于科学不断进步，越来越多的新星和超新星被发现。

| 宇宙里的
星震现象

观测到的星震现象

星震被看作是中子星外壳的撕裂现象，与地球上发生的地震颇为相似。1976年11月6日，科学家们观测并记录到火星上发生的一次3级左右的星震。科学家们在经过对火星星震史研究分析后说，火星星震记录的波形与地球地震记录的波形图相似，这表明火星地壳的结构及其震波和在其中传播的条件，与地球十分相似。

无独有偶，1979年3月5日，一股喷射而出的伽马射线突然袭击了太阳

系。天文学家们对它的成因感到困惑不解。1999年，天文学家将这些星震现象确定为是由来自于中子星的伽马射线和X射线引起的。不过，这些强大爆裂的原因一直是一个谜。

后来，洛斯阿拉莫斯国家实验室的约翰·米德迪特及其小组发现，对于一种称为脉冲星的特殊旋转磁中子星来说，下一次发生星震的时间与上一次星震的规模是成比例的。

星震的产生原因

美国科学家邓肯和汤普森经过研究，做出了一种猜测性的解释：宇宙中存在着一种称作"磁星"的新星，其密度极大，而且坚硬的外壳包裹着一个奇异的液体核。更重要的是，这颗磁星具有强大的磁场，而磁场的运动又将磁星表面加热，直到达到极大压力和磁星破裂。这就是星震，它引发伽马射线袭击宇宙。

2005年7月，天文学家观测到有史以来记录到的最大规模星震，一颗中子星的"摆动"释放出大量的X射线，研究人员希望这次机会能够揭示人们好奇已久的中子星的构成物质问题。

全世界的几颗人造卫星和望远镜观测到这次来自SGR1806-20表面的爆炸，这颗中子星在距地球50000光年以外的地方。而爆炸喷

射出的能量非常巨大，在1/10秒的时间释放出的能量是太阳在15万年中释放能量的总和。结合来自美国宇航局罗斯X射线定时探测器的数据，一组天文学家已经确定这次星震现象。这次快速的震动开始于星震后3分钟，10分钟后结束，其频率是94.5赫兹。专家称这一频率接近于钢琴的22键的音调，相当于F调。

星震的研究

正如同地质学家利用地震的震波来研究地球内部结构一样，天体物理学家可以利用X射线来研究遥远的中子星结构。这次爆炸就如同用大锤敲击中子星一下，而后中子星像钟一样产生回响。

在重力的吸引下，中子星上面会形成一个10~100米厚的堆积层。堆积层主要由氢构成，在温度及压力的作用下，这些堆积层会发生核聚变。当氢聚变为碳或其他重物质时，会释放出大量能量及强烈的X射线。在中子

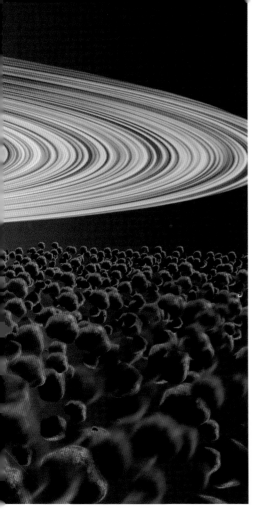

星上这种爆发通常每天都会发生几次，每次会持续几秒。

当一颗巨大星球的核燃料耗尽后就开始坍塌，在它自身重力的作用下，星球核坍塌成一个密度很高的中子星，或坍塌成一个密度更高的黑洞。

中子星内部的物质结合是如此紧密，以至于电子都被挤进了原子核中，开始同质子反应以形成中子，这种纯中子密度非常高，一汤勺的大小物质就相当于地球上的数十亿吨的重量。而同太阳质量大小的中子星大概直径只有16000米。

中子星的地质构造包括一个坚硬的外壳和一个超流体的内核。但是具体的结构并不清楚，例如在核里面是否包括一种被称为奇异夸克的外来粒子呢？而星震却给我们提供了了解的机会。

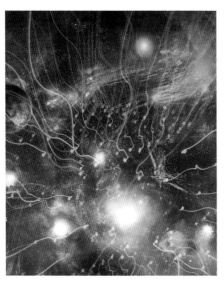

| # 天空飞来的
陨石

陨石是什么

陨石是地球以外未燃尽的宇宙流星脱离原有运行轨道或成碎块散落到地球或其他行星表面的、石质的、铁质的或是石铁混合物质，也称陨星。

大多数陨石来自小行星带，小部分来自月球和火星。

陨石在高空飞行时，表面温度可达到几千摄氏度。在这样的高温下，陨石表面融化成了液体。后来由于低层比较浓密大气的阻挡，它的速度越

 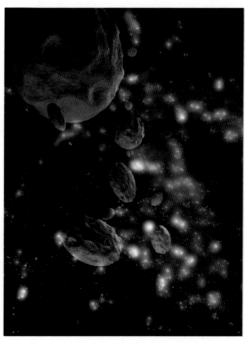

左图：来自太空的不明陨石飞入地球大气层。　右图：陨石的形态大小不一，圆而无角。

来越慢，融化的表面冷却下来，形成一层薄壳叫熔壳。熔壳很薄，颜色是黑色或棕色的。在熔壳冷却的过程中，空气流动在陨石表面吹过的痕迹也保留下来，叫气印。气印的样子很像在面团上按出的手指印。

陨石坑的发现

　　1891年，在美国亚利桑那州巴林佳发现了一个直径为1280米、深180米的坑穴，坑周围有一圈高出地面40多米的土层，人们叫它"恶魔之坑"。

　　恶魔之坑是一个重达22000多吨的陨石以58000千米的时速撞击地球形成的。然而奇怪的是这个陨石给人们留下了一个大坑和坑边几块陨石碎片便消失了。

　　有人估计陨石就落在坑下几百米的地方，可是从来没有人挖出它来加以证明。

| # 流星和
流星雨

流星为何发声

天空中传来一声尖利刺耳的声音，然后一颗流星放射着金黄色的光芒，飞快地掠过长空消失了，时间只有5秒钟左右。这一现象令人惊奇。怎么会先听到声音，然后才看到流星呢？

尽管许多人都认为这种现象是不可能的，然而世界各地许多研究者积累的这类资料却是越来越多。

1929年3月1日，苏联克拉斯诺塔尔州切列多沃村居民先听到一阵响声，随后整个房子都被照亮了，过了一会，又听到一声巨响。

最让人难以理解的是：有一些人能听到流星的声音，而还有一些人却什么也听不到。例如，1934年2月1日一颗流星飞临德国时，25个目击者中

只有10个人听到了"啾啾"声和"嗡嗡"声。

1978年4月7日清晨，一颗巨大的流星飞过澳大利亚悉尼的上空，1/3的目击者在流星出现的同时听到了各种各样的声音，其余2/3的人则声称流星是无声的。

电声流星

苏联一位著名的地质学家、地理学家、天文学家德拉韦尔特给这种奇怪的流星起了非常恰当的名字，即电声流星。

现在，科学家们都一致承认电声流星是客观存在的，但它的秘密至今还没有揭开。

一些专家认为，所有这一切都是由流星飞行时所发出的电磁波引起的。这些电磁波以光速传播，一些人的耳朵能够通过至今还未知的方式把电磁振荡转换成声音，并且每个人听到的声音也不同，而对另外一些人来说，则什么也听不见。

除此之外，还有一些假说，如静电假说、超短波假说以及等离子假说等。

流星来源

宇宙中那些千变万化的小石块其实是由彗星衍生出来的。当彗星接近太阳时，太阳辐射的热量和强大的引力会使彗星一点一点地瓦解，并在自己的轨道上留

下许多气体和尘埃颗粒，这些被遗弃的物质就成了许多小碎块。

如果彗星与地球轨道有交点，那么这些小碎块也会被遗留在地球轨道上，当地球运行到这个区域的时候，就会产生流星雨。

火流星像条闪闪发光的巨大火龙，发着"沙沙"的响声，有时还有爆炸声。要想揭开流星发声这个谜并不是一件很容易的事，相信不久的将来一定会真相大白。

流星雨的发现

世界上最早的流星雨记录是我国《竹书纪年统笺》中所记载的"帝癸十五年，夜中星陨如雨"，那是发生在公元前16世纪的一次罕见天象。

历史上规模最大的流星雨出现于1833年11月13日夜，当时的流星像飞雪源源而来，叫人目不暇接。后来科学家估计，那次下落的"仙女眼泪"在24万颗左右。

现在知道，流星雨的前身是飞蝗那样的流星群，它们成群结队沿着固有的轨道，一直在绕太阳默默无闻地运行，如果此轨道与地球轨道相交，那么当地球穿过这个交点时，就会闯进"飞蝗群"，形成壮观的流星雨。由此可见，流星雨是有规律可循的，它们出现的位置、时间几乎都是固定的，所以天文学家能够做出预报。

宇宙啥模样 ▌

| # 宇宙的 主宰是谁

黑暗的暴君

你知道吗？很多大的星系中心都有一个黑暗的"暴君"。这一发现是现代天文学研究的新成果。英国出版的《新科学家周刊》的载文指出：虽然它的臣民们看不见这位"君主"，但它统占着伸展到数千光年以外的几十亿个"太阳系"，它在所有"太阳系"诞生之前就已存在，并且早就在帮助塑造它们的未来了。

这些"暴君"就是黑洞，天文学家将它们称为"超大质量"天体。天文学家于20世纪初预言了黑洞的存在后，人们陆陆续续地得到了各种证据，证明了宇宙中确实存在着黑洞。然而，对于这种无法以可见光看到的天体，人类又了解到什么程度呢？

对地球造成巨大影响的太阳风暴

天文学家发现类星体

多年前，天文学家就发现了类星体。类星体的亮度是环绕在它周围的星系的数百倍，体积却比太阳系还小。到底是什么东西可以发出这么多的光和辐射呢？

尽管人们对于黑洞吞噬光线的能力了解得更多一些，但是它们也可以成为灿烂光芒的发源地，被黑洞吞没的物质会在黑洞周围形成一个呈螺旋形运动的圆盘，而圆盘在剧烈的翻腾过程中所产生的摩擦会将气体加热到白热状态。天文学家认为，这就是类星体发光的原因。

因此，当天文观测的结果开始证明更多的普通星系中央存在着黑洞时，天文学家自然会认为它们是能量已经耗尽的类星体。

黑洞扮演什么角色

在星系的生命进程中，这些超大质量的黑洞扮演着什么样的角色呢？

在2000年1月的美国天文学会上，里奇斯通提出一个引起天文学家激烈争论的观点：黑洞可能首先是星系的缔造者。里奇斯通这一观点将传统的天体物理学整个颠倒了过来。

宾夕法尼亚州立大学的戈登·加迈尔则指出：巨大的黑洞可能在时间刚刚诞生时就已经形成，而且它们一直都是在其周围形成的新星系萌生的"种子"。星系为什么会需要这样的"种子"呢？

创世大爆炸残留下来的余晖表明，在早期宇宙中，不同区域之间密度差异非常小，不超过大约1/10万。为了创造出由星系和空间组成的宇宙，这些微小的密度差异就被放大了许多倍。

天文学家的研究

由天文学家组成的研究小组在《自然》杂志上发表了钱德拉望远镜的观测结果。理查德·穆绍茨提出：新发现的"暗光天体"可能是非常遥远的类星体，它们发出的普通光线被星系间的气体吸收，只有X射线穿过星际间气体到达了地球。

根据路透社华盛顿电称：关于黑洞的强大力量之说又有了新的证据。

电稿发布当天，天文学家公布了一张照片，从中可以看到电子流的喷发。这股电子流像探照灯一样闪闪发光，其动力来源于吸力强大的黑洞。

这个电子流是由以光速从M87星系中心喷射出来的电子以及亚原子粒子组成。M87星系距离地球5000万光年，这股电子流自身的长度大约为5000光年。

天文学家们说，M87星系的中心隐藏着特大的黑洞，它已经吞噬了相当于太阳质量20亿倍的物质。

宇宙的范围有多大

宇宙到底有多大

　　我们现在所谈到的宇宙大小，是指可见的宇宙，也就是以我们人类生活的地球为一个球体，它的半径是从大爆炸，即宇宙作为一个点诞生，并开始向外迅速膨胀以来光所通过的空间。从整体上看，宇宙很可能比这个可见的宇宙大得多。

　　光年是天文学采用的计量单位，也就是光在一年中经过的路程。光的速度大约为每秒30万千米，一光年大约是94600亿千米。银河系的直径约为10万光年，而且还有另外的星系在银河系之外，离我们有数10亿光年。我们目前所能观测到的宇宙边缘，最新发现了类星体，与地球相隔约100亿~200亿光年，这是到目前为止所知最遥远的天体。

宇宙尽头在何方

20世纪以前，人们认为太阳系几乎就是一切，不相信太阳系以外还存在其他星球。至1900年，人们又认为太阳系所属的银河系就是整个宇宙。至于银河系的大小，当时最大的估计是宽约20000光年，其中包含大约20亿~30亿颗像太阳一样的恒星。

1920年，天文学家哈洛·沙普利等人根据当时掌握的测量恒星距离的新方法，算出了银河的真实宽度是10万光年，其中包含的恒星总数达2000亿~3000亿颗。同20年前的看法相比，银河扩大了100倍，而且还断定这极度扩大了的银河，并不是全部宇宙。

与此同时，天文学家又发现宇宙是由许多个像银河系一样的星系集成的，每个星系大约由几十亿至几万亿颗星体组成。而且证明了宇宙是动态的，成群存在的星系彼此相互分离，它们之间的距离越来越大，好像宇宙也在不断扩大。

1929年，美国天文学家埃德温·哈勃等人设计出了确定星系距离的多种方法，证明即使是离我们比较近的星系，如仙女星座系，距离我们也有230万光年。按照宇宙诞生之后就急速扩大的宇宙模型，可以计算出宇宙的年龄大约为130亿年。

高速运行中
的太阳系

宇宙范围的测量

这样遥远的距离简直无法想象，但天文学家的职责就是准确地计算、测量出宇宙的大小和范围。

假如天文学家可以找到一支"标准蜡烛"，也就是某个类星体，它有稳定亮度，特别显眼，远隔半个宇宙也能够看得见，那么这个问题便不再是谜。

到目前为止，大家公认整个宇宙可通用的标准蜡烛还没有找到。因此，天文学家运用这一基本方法时通常采取一种分步方式，这就是设立一系列标准蜡烛，每一步的作用就是测定下一步。

近些年，远红外线观测造父变星、行星状星云和美国麻省理工学院的约翰·托里的成片星系，三种不同的标准蜡烛使大多数人认为宇宙并不古老，仅有110亿~120亿年。

但是，并不能肯定这就是正确答案，至少有另外3个天文学家小组得出了不同的结果。

其中的一个小组是以哈佛大学天文学系主任罗伯特·柯什纳为首的科学家，他们得出的结论是宇宙并不古老，可能有150亿年。但杰奎琳·休特及她的学生们，以及普林斯顿大学的埃德·特纳，都测定宇宙有240亿年。至于宇宙究竟有多大，它的尽头究竟在何处，也许将永远是个谜。

宇宙
有无边界

宇宙是膨胀的

　　宇宙究竟是开放的还是闭合的？空间有无边界？时间有无始终？人们想知道。

　　1912年，美国天文学家斯莱弗在亚利桑那州的洛厄尔天文台发现，许多星系发射的光已变红，有多普勒位移，好像它们必定是在离开地球。1925年，哈勃和他的得力助手米尔顿·赫马森观测宇宙时很快就发现红移不仅是某些星系，而且是本星系以外的一切星系都具有的特性。他们还

发现，越朝远处看，星系的光谱线越移向光谱的红色一端。

因此，他们不得不做出这样的结论：一个星系离银河系越远，其飞离的速度越快。此后第四年，哈勃宣布：整个可见的宇宙是不稳定的，四面八方一律在膨胀。

宇宙的三种模型

基于"宇宙是膨胀的"这个由观测事实得到的论点，人们建立了宇宙的三种不同模型。

第一种是稳定态模型。认为宇宙一直在以不变的速率膨胀，新的物质不断产生，某一空间总是有同量的物质。

第二种是大爆炸模型。认为宇宙起源于一次大爆炸，以后各星系会无限膨胀，宇宙的全部元素供应都在爆炸的头半个小时内产生齐备，再不会有新的物质产生。

第三种是脉动模型。认为宇宙的所有物质都从一团原先压紧的物质飞离，速度逐渐缓慢下来，最终停止不动，而后开始在各部的引力互相影响下发生收缩，物质凝聚到最后再度发生爆炸。在这过程中，物质既没有产生，也没有毁灭，只是重新编排、互换位置。

三种宇宙模型共存，人们为此激辩了许多年，到了20世纪50年代后期，大爆炸模型渐趋上风，至1965年，更有观测证据有力地支持大爆炸模型，从此，大爆炸模型被广泛地接受了。

大爆炸模型的延续

大爆炸模型认为，最初的宇宙是连10~25厘米也未充满的超高温、高密度的"一点"。大约180亿年前，这"一点"突然爆炸了，仅用10~36秒，伴随着真空相转移的过冷却现象，"一点"做了瞬间几十个数量级的膨胀，成为一厘米规模的宇宙。

其后宇宙继续膨胀，温度从几十亿摄氏度开始下降，大约在5500万摄氏度时，由降温过程的能量，生成中子、质子它们又合为原子核，这些过程仅有3分钟。约30万年后当宇宙的温度下降至3000摄氏度时，自由电子被原子核捕捉形成原子。在随后大约3000万年中那些原子继续外冲，宇宙也继续冷却，到宇宙温度降至绝对零度之上167摄氏度时，原子开始化合形成稀薄气体。

此后因密度波动、引力作用、部分收缩向新的天体进化。再经过100多亿年，显示出多种多样的物质形态，成了今天的宇宙。当然，大爆炸理论认为今天的宇宙仍在继续膨胀。

太阳系内
的行星

　　大爆炸理论告诉人们宇宙是怎样诞生的，但并未说明宇宙将怎样死亡或是否会死亡。对这个问题，人类现在还未得到确切的答案。

宇宙无边但有限

　　人们认为，宇宙的未来取决于宇宙的几何模型，即宇宙是开放的还是闭合的？

　　回答这个问题，要以爱因斯坦的狭义相对论——时空理论和广义相对论——引力理论为基础。狭义相对论发现了高速运动能使时间、长度和质量发生奇怪的畸变；广义相对论指出空间是弯曲的。运用爱因斯坦的理论，可以找出一种能够确定宇宙弯曲与否的观测方法。

　　这种方法所根据的原理是：宇宙业已膨胀，必然会自行制动，因为各星系间相互引力一定会发生使各星系彼此分离的飞行缓慢下来的作用。制动效应的测量方法在于过去的膨胀速度。如果过去的膨胀速度比现在的膨胀速度大得多，那就表示宇宙的行动已被制住了很多，它的曲率是正的，

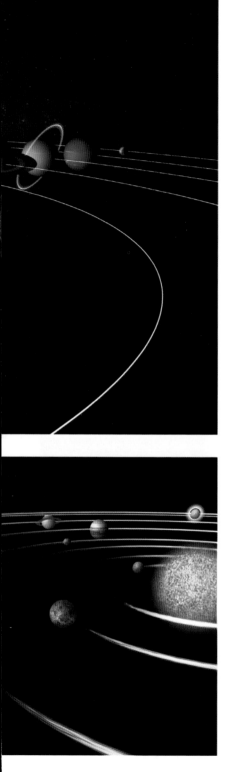

像一个球体表面。如果制动只有一点点，它的曲率可能是零，像普通欧几里得空间。如果完全没有制动，它的曲率就是负的，像西部马鞍的表面。到现在为止，人们对暗淡而迅速后退的星系所做的多次探测，显示出宇宙大概是正弯曲的。这就是说宇宙无边然而是有限的，它可能往四面八方无限远地伸展，而质量并非无穷。人类对宇宙未来的认识仅仅如此。但人类已知地球所属的太阳系及银河系是无法永存的。五六十亿年之后，太阳将膨胀成大火球，那时人类的后代只有移民到银河系中别的星系的一行星上才会得以续存。

宇宙为什么有限

1917年，爱因斯坦发表了著名的广义相对论，为我们研究大尺度、大质量的宇宙提供了比牛顿万有引力定律更先进的武器。应用后，科学家解决了恒星一生的演化问题。而宇宙是否是静止的呢？对这一问题，连爱因斯坦也犯了一个大错误。他认为宇宙是静止的，然而1929年美国天文学家哈勃以不可辩驳的实验，证明了宇宙不是静止的，而是向外膨胀的。正像我们吹起一只大气球一样，恒星都在离我们远去。离我们越远的恒星，远离我们的速度也就越快。

可以推想：如果存在这样的恒星，它离我们足够远以至于它离开我们的速度达到光速的时候，它发出的光就永远也不可能到达我们的地球了。

从这个意义上讲，我们可以认为它是不存在的。因此，我们可以认为宇宙是有限的。

Shi Fou Cun Zai
Duo Chong
Yu Zhou

是否存在
多重宇宙

多重宇宙的理论

进入21世纪，科学家认为，我们的宇宙在一个泡沫里，而很多另外的宇宙都存在于各自泡沫中。这种理论在2011年首次得到物理学家的检验。

《物理评论通讯》周刊和《物理学评论D》上发表的两篇研究论文首次详细叙述了如何寻找其他宇宙的独特标记。物理学家眼下在宇宙微波背景辐射中寻找圆盘一样的形状，这或许可以为其他宇宙与我们宇宙的相撞提供能说明问题的证据。

基础物理学中的很多现代理论都预言，我们的宇宙包含在一个泡沫

里。除了我们的泡沫，这个"多重宇宙"也会包括其他泡沫，每个泡沫都可以设想为包含着一个宇宙。

在其他"口袋宇宙"里，基本常数甚至自然的基本规则也可能不同。

直到目前为止，没人有好办法在宇宙微波背景辐射中寻找泡沫宇宙相撞的标志，即多重宇宙的证据，因为天空中到处都可以找到辐射中类似圆盘的形状。此外，物理学家还需要检验他们发现的任何形状是相撞的结果还是噪声数据的无规则图案。

科学家的研究

伦敦大学学院、帝国理工学院和佩里米特理论物理研究所的一批宇宙学家现在解决了这个问题。

研究报告的作者之一、伦敦大学学院物理学和天文学系的希拉尼亚·佩里斯博士说："在天空中任何可能的存在的地区里寻找相撞痕迹的可能半径在统计学和计算方面都是很大的难题。但正是这一点激起了我的好奇心。"

这个科学家小组模拟了天空发生或没有发生宇宙撞击的情况，并且研究出突破性的运算法则，以确定哪个更适合美国航天局威尔金森微波各向异性探测器收集的宇宙微波背景数据。

高速运行
中的太阳
系行星

他们首次对宇宙微波背景天空中可能存在多少泡沫撞击标志设定了观测上限。伦敦大学学院的博士研究生斯蒂芬·菲尼发明了寻找"泡沫宇宙"撞击标志的强大运算法则。

他说，这项研究是一个机会，可以让我们检验一种真正让人兴奋的理论——我们存在于一个广阔的多重宇宙内，其他宇宙不断冒出来。

物理学家面临的诸多难题之一是，人类非常善于在数据中挑选最有利的一个，而这个数据或许只是巧合。

但是，要"糊弄"这个研究小组制定的运算法则可难得多，因为这个法则对数据是符合某个模式还是出于偶然设定了非常严格的规定。

平行宇宙分类

美国宇宙学家将平行宇宙分成四类：

第一类：这类的宇宙和我们宇宙的物理常数相同，但是粒子的排列法不同，同时这类的宇宙也可视为存在于已知的宇宙之外的地方。

第二类：这类的宇宙的物理定律大致和我们宇宙相同，但是基本物理常数不同。

第三类：根据量子理论，一件事件发生之后可以产生不同的后果，而所有可能的后果都会形成一个宇宙，而此类宇宙可归属于第一类或第二类的平行宇宙，因为这类宇宙所遵守的基本物理定律依然和我们所认知的宇宙相同。

第四类：这类的宇宙最基础的物理定律不同于我们宇宙，而基本上到第四类为止，就可以解释所有可能存在的宇宙。

德国的科学家测定出宇宙年龄为340亿年。总之，运用不同的测定方法测出来的宇宙年龄都不一样，而且相差非常远。

宇宙年龄的增加

2006年8月7日，美国科学家的一份报告称，宇宙的年龄可能比原先设想的还要早20亿年。科学家们已发现一个比原先预想还远15%的邻近星系，这意味着宇宙的年龄可能至少估计少了15%。但是另一些专家认为现在下结论还为时过早。

天文学家们通过观测一颗阶段性改变亮度的特殊行星，已经成功测定出许多遥远星系的相对距离。

但是为了知道这些星系距离人们究竟有多少光年，科学家们需要直接计算银河系和一些星系之间的距离，这样的测量很难进行。

华盛顿卡耐基研究所的阿切斯特·波南斯和他的同事在银河系的"邻居"三角座星系中观测到一颗正在逐渐暗淡的失色双星。

这个系统中的两颗星星在它们的轨道上互相穿越，他们根据亮度估计行星离地球的距离约为300万光年。

如果这个数据得到确定，新的距离暗示更远的星系都将比原先远15%。

而且因为宇宙的大小和年龄都以星系距离为基础，结果宇宙的年龄从137亿年增加到了157亿年。

由于宇宙是怎样产生的，又是怎样演化的等一系列问题至今也没有一个正确的解释，所以宇宙的寿命到底有多大，也没有人能够给出一个合理的解释，这些有待科学的进一步研究。

| # 宇宙的
诞生与消亡

宇宙诞生的研究

　　宇宙是如何诞生的？现在的样子又是如何演变而成的呢？在很早以前人类就提出了这些疑问。这个使人类困惑千年而未能破解的重大问题，直至爱因斯坦完成了一般相对论学说后，才首次提出符合科学逻辑的解答。

　　一般相对论提出宇宙有可能发生膨胀，后来研究的结果证实了这一点。科学家们发现远方的银河正在以非常快的速度和我们的银河拉远距离，这说明宇宙正在逐渐地膨胀着。

　　另外，还发现宇宙空间到处充满着杂音电波，这证明宇宙曾经是一个

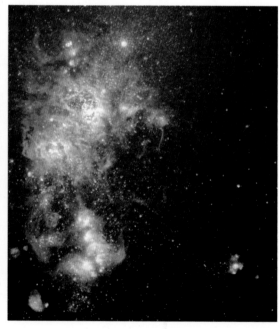

超高温、高密度的大火球。

宇宙到底是什么

　　宇宙是广袤空间和其中存在的各种天体以及弥漫物质的总称。宇宙是物质世界，它处于不断的运动和发展中。《淮南子·原道训》写道："四方上下曰宇，古往今来曰宙，以喻天地。"即宇宙是天地万物的总称。

　　宇宙中的物质分布出现不平衡时，局部物质结构会不断发生膨胀和收缩变化，但宇宙整体结构相对平衡的状态不会改变。仅凭从地球角度观测到的部分，可见星系与地球之间距离的远近变化，不能说明宇宙整体是在膨胀或收缩。就像地球上的海洋受引力作用不断此长彼消的潮汐现象，并不说明海水总量是在增加或减少一样。

大爆炸宇宙论

　　大爆发宇宙论被公认为是最标准的宇宙进化理论。根据这个理论推算，宇宙诞生的时间在150亿年之前。宇宙刚刚诞生时它的直径仅有1／10米，但它的温度和密度却高得让人无法想象。由于物质的温度和密度骤然下降，使这个宇宙之卵以爆炸性的速度猛烈膨胀。在大爆发中诞生了各种元素和支配它们运动的力，也因此形成了星球和银河，顷刻间宇

宙之卵便演变成了"成年"的宇宙。

　　大爆发宇宙论提出，宇宙可能是从既无空间也无时间的"虚无"之中以惊人的速度迅猛膨胀而瞬间诞生的。这种理论还提出，宇宙常常是周而复始地从诞生至消亡、再诞生、再消亡的轮回，我们现在的这个宇宙只是从过去到未来无数个宇宙中的一个而已。但到目前为止，对于宇宙的起源还没有一个统一的理论，这还需要人类进一步的考察和研究。

宇宙也会死亡吗

　　生老病死是人之常情。但宇宙也会有完结的一天吗？会以怎样的形式完结？会是瞬间爆炸吗？

　　根据科学家的最新观测结果，宇宙最终不会变成一团燃烧的烈火，而是会逐渐衰变成永恒的、冰冷的黑暗。然而地球人或许没有必要杞人忧天，因为地球人暂时还不会被宇宙"驱逐出境"。科学家又指出：没有什么东西是可以永远存在的。宇宙也许不会突然消失，但是，随着时间的推移，它可能会让人觉得越来越不舒服，并且最终变得不再适于生命存在。

　　这种情况将会在什么时候出现呢？又会以怎样的方式出现呢？这的确

是一个令人沮丧的问题。但是，对于我们这些生活在地球上的人来说，这些问题却是一种冷酷的问题。

天文学家的推测

自从20世纪20年代，天文学家哈勃发现宇宙正在膨胀以来，大爆炸理论一直没有摆脱被修改的命运。根据大爆炸理论，科学家指出，宇宙的最终命运取决于两种相反力量长时间"拔河比赛"的结果：

一种力量是宇宙的膨胀，在过去的100多亿年里，宇宙的扩张一直在使星系之间的距离拉大。另一种力量则是这些星系和宇宙中所有其他物质之间的万有引力，它会使宇宙扩张的速度逐渐放慢。

如果万有引力足以使扩张最终停止，宇宙最终会变成一个大火球。显然，任何一种结局都在预示着生命的消亡。目前，天文学家的观测结果仍然存在着不确定的因素。

科学家指出，这一不确定因素涉及膨胀理论。根据这一理论，宇宙始于一个像气泡一样的虚无空间，在这个空间里最初的膨胀速度要比光速快。在膨胀结束之后，推动宇宙膨胀的力量可能存在于宇宙中，潜伏在虚无空间里，在不断推动宇宙的持续扩张。为了证实推测，科学家又对遥远的星系中正在爆发的恒星进行了观察。通过观察，他们认为膨胀推动力有可能确实存在。

宇宙如果继续膨胀下去，各星球将耗尽内部核燃料，逐渐变成白矮

星、中子星和黑洞。最后黑洞遍布宇宙，它们吞噬包括光线在内的所有物质，整个宇宙变成黑暗世界，最后黑洞也会蒸发，组成物质的基本粒子也会衰变，宇宙又成为一个混沌世界。

宇宙毁灭的类型

坍缩说。宇宙不断膨胀，直至某一天暗能量不足以继续推动宇宙继续加速膨胀，宇宙膨胀的速度变慢并最终走向停止膨胀，然后在星系间引力吸引之下再逐渐互相吸引，最终所有物质都吸引在一起，又形成原点。

热寂说。宇宙不断膨胀，直至某一天暗能量所推动的宇宙膨胀达到各星系间相对速度达到光速，各个星球间最终也达到光速，这样所有的光不再到达我们的眼中，我们所看到的星空就消失成完全的黑色，再扩张到最后，所有的原子也互相远离，物质变为均一的基本平均分散结构。目前这一学说被认可的可能性少。

时间停止学说。这种学说新兴起，但其理论很有趣。星系间红移是因为时间也是在不断做减速，所以导致我们观察到红移。因为暗能量没有被证实。这样，宇宙的加速膨胀实际上是时间的减速。有朝一日时间减速停止，或者变得非常慢，宇宙就终结了。

宇宙中爆
炸的星体

宇宙中
还有"太阳系"吗

新的太阳系的猜测

有人曾设想，除我们的太阳系以外，还应有第二个、第三个"太阳系"。可是另外的"太阳系"具体在哪里？

这个长期以来争论不休的问题，随着织女星周围发现行星系，有人认为已经找到了宇宙中的第二个"太阳系"，为寻找宇宙中其他许多"太阳系"提供了例证。

宇宙新太阳系观测

宇宙中的第二个"太阳系"是怎样发现的呢？

1983年1月，美国、荷兰、英国三个国家成功地发射了红外天文卫星。后来，天文学家们利用这颗卫星意外地发现天琴座主星——织女星的周围存在类似行星的固体环。

这次发现在世界上还是头一回。这一发现可以说是不同凡响的划时代的发现。

织女星是新的"太阳系"吗

织女星距离地球26光年，是全天第四亮星。直径是太阳的2.5倍，质量约是太阳的3倍，表面温度约为10000摄氏度，比太阳的表面温度约高6000摄氏度。织女星诞生于10亿年前，太阳诞生于45亿年前，相比之下织女星要年轻得多。地球大致是与太阳同时诞生的，若认为织女星的行星也跟织女星同时诞生，那么就可以视它的行星处在演化的初期阶段。

东京天文台和红外天文卫星的发现，看来可以说是行星形成过程中的不同阶段。深入分析和研究这两个不同阶段，以及更正确地描写织女星的行星像，无疑是当前世界天文学界所面临的一大课题。

太阳在捣什么鬼

天空中的奇光

1989年春天，美国亚利桑那州基特峰国家天文台天文学家阿弗拉在一天夜间，突然发现夜空之中出现了一片红光。最初他还以为是森林着火映红了天空，瞬间满天红色又变成绿色的北极光，就像是一块巨大的幕布悬挂在天空中一般。

阿弗拉所见的情景原来是太阳捣的鬼。太阳与地球大约1.5亿千米的距离，它的直径约为140万千米，大小约为地球的33.3万倍。这个巨大的星球的组成成分中，氢气约占72%，氦占27%，其他物质占1%。

太阳核心的温度高达1500万摄氏度，每秒钟有6亿吨的氢在那里被聚变成氦，然后被送到太阳表面。太阳表面又叫光流层，那里的温度较低，只有5500摄氏度。

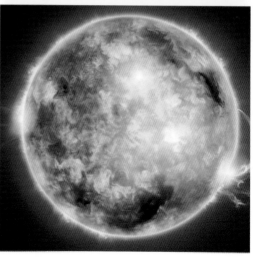

太阳是悬浮在空中的天然

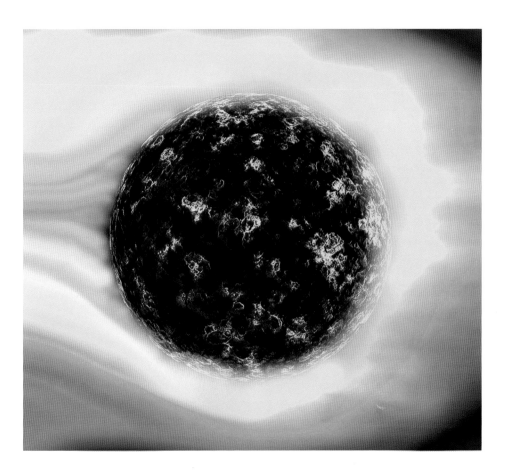

核反应堆，它释放出的惊人能量是通过核聚变而产生。这些能量形成太阳上的风暴，高速粒子将能量的一部分带到太空中。当风暴吹向地球时，地球磁场因为受到它们的干扰而变成椭圆形状。

太阳能的作用

　　太阳表面的能量还以可见光、紫外线和X射线的形式向地球辐射，它们的力量足以穿透地球的大气层，其功率竟高达100万千瓦。也就是说，地球上每平方米都受到1.35千瓦来自太阳的能量辐射，科学家把这个数字称为太阳常数。有了太阳能，植物才能进行光合作用，才能生长；同时也因为这种太阳能储存在已经变成矿物燃料的古物中，从而为我们提供煤和石油。阳光给地球送来了热量，促使大气循环、海水蒸发，形成云和雨。

　　在大气层中，太阳能撞击两个氧原子组成的氧分子，将变成由3个氧原子组成的臭氧分子。臭氧层挡住了太阳的紫外线，另外一小部分透过

太阳在运行中产生巨大的能量

臭氧层的紫外线，能使人晒得黝黑，而且如果照射的时间太长，就会导致皮肤癌。

阳光是地球最稳固的热源，45亿年以来，它使地球温度控制在一定的范围之内。这对维持生命的存在是相当重要的，来自太阳的能量无论变多变少，都会深刻影响到行星。

太阳之谜

人类对太阳的研究已有几千年的历史，直至今天太阳还有许多秘密仍没有破解。人类将借助于未来的宇宙探测器去解开一些太阳之谜。

通过天文望远镜，人们看到太阳的表面是变化万千、广阔而又恐怖的景象：有的地方像是成荫的绿树林，有的地方像正在起火的大草原。在半径为70万千米的太阳上，到处充

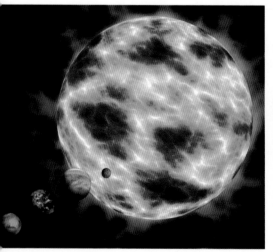

满了氢，那里氢的密度是地球上水的1/1000。"黏附"在太阳表面上不断抖动着的"微细纤维"，实际上是正在喷射到30万千米高处的数以10亿吨计的物质，那些竖立着的"骨针"是比喜马拉雅山还高的高山。太阳的活动，如热核反应等，与地球的气候直接相关。

科学家还预测，等太阳上的氢消耗得差不多时，它将膨胀成一个巨大无比的红色"气球"。膨胀出的部分可以覆盖水星甚至金星，就算地球不至于被火葬，强烈的热辐射也足以使海洋沸腾蒸干，地球上的生命都会灭亡。不过，这场宇宙大劫难在50亿年内是不可能发生的，这就给科学家充足的时间去探索离我们最近恒星的奥秘，寻找拯救地球生命的"挪亚方舟"了。

日月
为什么同行

日月同升奇观

　　离杭州82千米的海盐县南北湖风景区鹰集顶上见到的"日月并升"现象，是个千古之谜。

　　这种现象，不但在当地群众中世世代代流传，在明代古书上也有描述和记载。但是由于种种原因，这一天下奇景，几乎湮没了千年。

　　直至1980年杭州大学的冯铁凝先生从古书中发现后，于当年的农历十月初一有幸见到了太阳和月亮并升的奇景。

日月并升原因

　　日月并升是一种什么现象呢？从这几年的出现过程来看，有这样几种情况：

　　太阳先升起，月亮随即跃入日心。太阳升起不久，在太阳旁边出现一个暗灰色月亮，围绕着太阳跳来跳去。一会儿跃在太阳右边，一会儿跃在左边，一会儿落在上面，一会儿又落在下面。当月亮经过太阳时，太阳表面大部被月亮遮盖，颜色变暗，未被遮没的部分就闪现出金黄色的月牙形状。太阳和月亮重叠，合为一体，同时从江海上升起。太阳直径比月亮稍大一点，太阳外圈显示出血红或青蓝色光环，或月影先在日轮中，后又跳出日轮，在太阳四周跃动。

上述几种现象，有的与日食过程非常相似，但又显然不是。因为日食不会每年正好发生在农历十月初一，也不会仅发生在鹰窠顶一带。有人认为这大概是太阳光线的折射造成的假象。这种现象在气象学中称为"地面闪烁"。

如果说是地面闪烁造成的假象，为什么一年一度只有在农历十月初一才会出现呢？日月同升是否就是中国史籍上所记载的日月合璧呢？这一切都是未解之谜。

| # 行星真的
有环吗

光环的发现

1610年，著名科学家伽利略在宇宙中发现了色彩美丽、排列匀称的光环，但并没有引起他的注意。直至1659年，荷兰科学家才证实那个光环是土星的光环。

1979年，行星探测器飞近土星发现，土星环由上千个环组成，由土星云层顶部一直延伸至32万千米处。后来科学家们发现，在85万千米以外还有一些外环。很长一段时间内，人们都认为只有土星有环围绕，但是到了1977年，科学家们发现天王星也有9个细环围绕，1986年又观测到一个环，这样天王星共有20个环。

　　1979年3月，科学家发现木星也有虽暗但却清晰可见的环。它们由一个较明亮的窄环和一个扁环形的晕环组成的。1989年，"旅行者"2号宇宙探测器飞近海王星，发现了海王星也有5条围绕它的环，有的环是完整的，有的则是环的一部分，即环弧。

其他行星也有环吗

　　太阳系内有四颗大行星有环围绕，这引起了天文学家的关注。很多人在设想，太阳系的其他行星，包括人类居住的地球，是否都有环围绕呢？

　　1964年，苏联曾将两个人造卫星送入围绕地球的椭圆形轨道，卫星上装备有陨石微粒记录器，测量结果表

美丽壮观的
土星环

低，波长会变长；红移量越大，此天体逃逸速度越大，距离越远。恒星、星系发生这种红移现象时，移动的数值很小。

可是类星体的红移量非常大，比恒星、星系的红移要大上几百倍甚至几千倍。一个红移值高达6.68的类星体，估计是在宇宙大爆炸后8亿年诞生的，它的光线在茫茫宇宙中不停地穿梭了130亿年才到达地球，被科学家们观测到。

1929年，哈勃提出红移的大小同星系与我们的距离成正比，红移越大，星系距离我们越远。类星体超大的红移表明它们极其遥远，按照哈勃定律，可以推测出这些天体远在几十亿光年甚至上百亿光年以上。最早发现的类星体3C273红移值仅为0.158，而它距我们也有23亿光年。类星体远离地球时速度大得惊人。有一颗类星体OQ72，其红移值为3.53，离开地球的速度每秒钟高达27万千米。

类星体的亮度极为惊人，如3C373亮度为12.8星等，如果把太阳放至类星体3C373的位置上，地球上的人们根本就观测不到。

类星体的新发现

如此"小"的体积内，要蕴含多少物质才能迸发出如此惊人的巨大能量呢？这用热核反应等理论远远不能解释。有人提出引力坍缩、正反物质湮灭等释放超巨量能量等假说；有人认为，类星体中心有特大质量的黑洞，以每年若干个太阳的速率吞噬环绕它的物质；还有人认为那里每天都在爆发超新星。更令人惊奇的是，类星体的速度居然超过了光的速度。

1977年以来，大量的测试证明，类星体3C373的内部有两个辐射源，并且它们还在相互分离，分离的速度竟高达每秒288万千米，是光

速的9.6倍。这是错觉造成的，还是宇宙中存在着超光速运动呢？

　　科学家们经过研究发现，类星体的发光能力极强，比普通星系要强上千百倍，因此获得了"宇宙灯塔"的美名。更令人吃惊的是，类星体的体积非常小，直径只有一般星系的10万分之一，甚至100万分之一。为什么在这样小的体积内会产生这么大的能量？这一问题使科学家们兴趣倍增而又大伤脑筋。因此，种种假说便接踵而来。有人认为其能源来源于超新星的爆炸，并猜测其体内每天都有超新星爆炸。还有人推测类星体中心有一个巨大的黑洞。

　　正当天文学家们大伤脑筋之际，又发现一些类星体光谱中，不同吸收谱线中有各不相同的红移值，这就是多重红移现象。后来，人们又发现了几个"超光速"的类星体。迄今为止，人类普遍认为光速是不能超越的，然而上述发现又是那样的奇特，实在让人百思不得其解。近半个世纪以来，人们进行了大量观测，深入研究，已经取得了不少成绩，然而它的本质仍是一个未解之谜。

宇宙
产生的猜想

宇宙形成的假说

　　20世纪20年代，天文学家哈勃公布了一个震惊科学界的发现，这个发现在很大程度上导致这样的结论：所有的河外星系都在离我们远去，即宇宙在高速地膨胀着。这一发现促使一些天文学家想到：既然宇宙在膨胀，那么就可能有一个膨胀的起点，天文学家勒梅特认为，现在的宇宙是由一个"原始原子"爆炸而成的，这是大爆炸说的前身。俄裔美国天文学家乔治·伽莫夫接受并发展了勒梅特的思想，于1948年正式提出了宇宙起源的大爆炸学说。

　　伽莫夫认为，宇宙最初是一个温度极高、密度极大的由最基本粒子组成的"原始火球"。根据现代物理学，这个火球必定迅速膨胀，它的演化过程好像一次巨大的爆发，由于迅速膨胀，宇宙密度和温度不断降低，

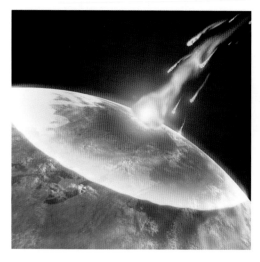
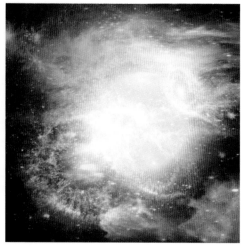

在这个过程中形成了一些化学元素，然后形成由原子、分子构成的气体物质，气体物质又逐渐凝聚成星云，最后从星云中逐渐产生各种天体，成为现在的宇宙。

大爆炸学说解释

大爆炸学说可以解释较多的观测现象。例如，天文学家观测到远处的天体总是远离地球而去，这证明宇宙仍在膨胀。大爆炸学说预言，星系形成之前宇宙的结构应当是云团。这一巨大云团的发现证实了大爆炸学说的预言，通过对这一云团的观测，科学家可以进一步推测宇宙初期的情景。而且，这一巨大云团的发现还证实了科学家的另一个预言，即宇宙质量的90％存在于"暗物质"中。"暗物质"的多少直接影响着宇宙的未来，如果宇宙总质量小于某一数值，那么它将一直膨胀下去；如果它的总质量大于这一数值，那么天体之间的引力将使宇宙形成宇宙"大坍塌"，直至大爆炸前的状态。

宇宙第五种力
的研究

具有深远意义的实验

早在17世纪，伟大的意大利物理学家伽利略，曾在比萨斜塔上做过一次具有深远意义的实验，让两个重量不等的铁球从同一高度自由下落，结果两个铁球同时着地。

伽利略得出结论说，任何物体，不管是一个铁球还是一根羽毛，如果在真空中自由下落，其加速度必然是一样的，因而必定同时落地。

这一观点，直接推动了伟大物理学家牛顿总结出关于力的运动的三大定律。而爱因斯坦的相对论，也是在这一基础上提出来的。

可是，这一真理近来却受到了严重的挑战。一个以美国物理学家费希巴赫为首的科研小组，经实验发现，不同质量的物体在真空中实际上并不具相同的加速度。

费希巴赫推测，其原因很可能是在物体下落时除了受引力的作用外，还受到一种尚不为人所认识的作用。多数科学家公认，宇宙中存在着4种力：第一种是引力，它是一

个物体或一个粒子对于另一个物体或一个粒子的吸引力，是四种力中最弱的一种；第二种力叫作电磁力，由于它的作用，形成了不同的原子结构和光的运动；第三种是强相互作用力，它把原子核内各个粒子紧紧地吸引在一起；第四种是弱相互作用力，它使物体产生某种辐射。

又发现了一种力

按费希巴赫的看法，现在新发现的这种力，应该是宇宙中的第五种力，它是一种排斥力，只能在几米到几千米的有限距离内对物体起作用。

这可能是以一种"超电荷"形式出现的。

从实验中可以推断出，"超电荷"抵消了一部分引力的作用，从而减缓了下落物体的加速度。

减速的值取决于质子和中子的比，而且和原子的总质量、中子总数加上结合能值成反比。由于结合能的大小随原子而异，它所产生的这第五种力也就随结合能大小而异。

由此得出的结论是：两个体积不同的物体，如一个体积较小的铁块和一个体积较大的木块，即使它们的重量完全一样，也将因为它们结合能的不同而以稍稍不同的速度下落。铁原子的结合能要比木原子的结合能大，

所以铁块下落的速度要比木块的稍慢。

第五种力是否存在

费希巴赫小组的新发现，在科学界引起了极大的兴趣。同时，围绕是否存在着第五种力，也展开了激烈的争论。

许多科学家在进行各种有关引力的实验时，也同样遇到了无法单纯以引力解释的现象，因此，一些科学家提出了一些支持费希巴赫的证据。

但是，也有为数不少的科学家坚持声称他们自己的实验表明，还找不到存在新的力的证据。

美国加利福尼亚大学著名物理学家纽曼就做过这样一个实验：他把扭秤放在一个钢的圆筒内，让扭秤悬挂一块铜块，铜块刚好处于圆筒中心靠边的位置，然后使它变换不同的位置。整个实验是在真空环境中并且严格排除磁场的影响下进行的。记录表明钢圆筒的引力，并没有使变动位置的铜块所受的重力产生影响。

面对双方都持有证据，又难说服对方的情况，费希巴赫也承认，要做出定论还需要进行一系列的实验。已经有不少科学家正在摩拳擦掌，准备投入这场争论。

科学家的争论

美国舆论界认为，可能很快将掀起一个以现代先进技术重新证明伽利略论断和牛顿定律的高潮。美国科罗拉多州的实验物理联合研究所计划重做伽利略的落体实验，并采用激光来监测物体下落的速度。

他们准备把下落物体放在一个盒子的真空轴内，以免在实验时受到气流的干扰，盒子下面装一面反射镜，可将光线沿射来的方向反射回去。盒子中还另有装置，以确保在下落时，盒子及所装的各种物体保持相对稳定。物体下落时，一束激光被分割为二，有一半射向盒子，被反射回来，与另一半会合，产生出各种投影，从而可以更加准确地描绘出一个下落物体在速度增加时所受到的各种干扰情况。

美国华盛顿大学的物理学家则计划把诺特费思实验移到靠近一个巨大

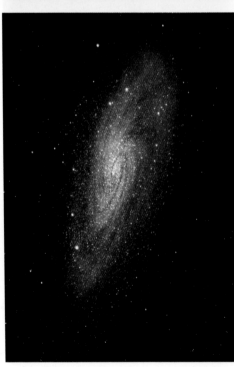

的悬崖峭壁的地方进行。以观察一个庞大物体的质量对原子核中具有不同结合能的物体究竟有多大影响。

纽曼教授也准备重复他的扭秤试验，但将试验的铜块改成由两种不同材料各居一半的一个混合物，从而判断不同材料的物体下落时是否会有不同的速度。

科学家的推断

上述实验设想，可以证明宇宙中确实存在着一种新的力吗？许多科学家并不感到乐观。美国普林顿大学的一位科学家指出，证明伽利略论断的实验"在原则上是最简单的，但是在实践中是最复杂的。"因为人们在实验中很难照顾到全部复杂的因素，以及排除各种外部干扰。

科学家们对第五种力可能带来的影响的估计也不一致。多数人认为这将是物理学上的一次革命，要动摇爱因斯坦相对论的理论基础，而且可能对今后物理学发展的方向以及新兴的航天学都会产生重大的影响。但也有人认为，这第五种力充其量是一种极其微弱、只能在局部范围起作用的现象，它不见得能动摇爱因斯坦的相对论。

Da Bao Zha
Yu Zhou De
Wei Lai

大爆炸
宇宙的未来

宇宙的热寂状态

宇宙学家认为，宇宙的未来存在有两种图景：如果宇宙能量密度超过临界密度，宇宙会在膨胀到最大体积之后坍缩，在坍缩过程中，宇宙的密度和温度都会再次升高，最后终结于同爆炸开始相似的状态即大挤压状态；相反，如果宇宙能量密度等于或者小于临界密度，膨胀会逐渐减速，但永远不会停止。

恒星形成会因各个星系中的星际气体都被逐渐消耗而最终停止，恒星演化最终导致只剩下白矮星、中子星和黑洞。这些致密星体彼此的碰撞会导致质量聚集而陆续产生更大的黑洞，但这个过程会相当缓慢。此后，宇宙的平均温度会渐近地趋于绝对零度，从而达到所谓大冻结。

另外，倘若质子真像标准模型预言的那样是不稳定的，重子物质最终也会全部消失，宇宙中只留下辐射和黑洞，而最终黑洞也会因霍金辐射而全部蒸发。宇宙的熵会增加到极点，以至于再也不会有自组织的能量形式产生，最终宇宙达到热寂状态。

宇宙的大撕裂

现代观测发现，宇宙加速膨胀之后，人们意识到现今可观测的宇宙越来越多的部分将膨胀到我们的事件视界以外而同我们失去联系，这一效应的最终结果还不清楚。实验表明，暗能量以宇宙学常数的形式存在，这个理论认为只有诸如星系等引力束缚系统的物质会聚集，并随着宇宙的膨胀和冷却它们也会到达热寂。对暗能量的其他解释，例如幻影能量理论则认为最终星系群、恒星、行星、原子、原子核以及所有物质都会在一直持续下去的膨胀中被撕开，即所谓大撕裂。

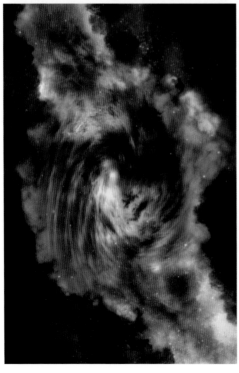

大撕裂的后果

有一些宇宙学家认为，暗能量密度可能会随空间增大而增大，暗能量被大部分人认为是恒定不变的，后来有人假设暗能量可能会变化。他们把这种暗能量称为幻能。在这种情况下，我们将会看到宇宙的一种极为惨烈的结局——大撕裂。在这种情景中，宇宙将越来越受到暗能量的控制，并且膨胀的加速度将会越来越大。

当出现这样的情景时，与大凄凉类似，任何留在地球上的观测者看到的星系将越来越少。随后，幻能将把被万有引力束缚在一起的天体剥离开来，宇宙中任何靠万有引力支撑的东西都将发生分裂，所有物质都将被撕碎。由于幻能不断增加，在宇宙终结前大约一年，它将把我们的地球扯离开太阳系。在宇宙终结之前一小时，幻能将撕碎地球。这就是大撕裂。

据有关宇宙学家说，"大撕裂将来即使真的发生，也不会早于550亿年以后"。还有一些计算表明：大撕裂如果可能发生，它将发生在900亿年以后。

关于大撕裂的争论

大撕裂究竟会不会发生，以及什么时候发生，在宇宙学家中间还存在着激烈的争论。因为暗

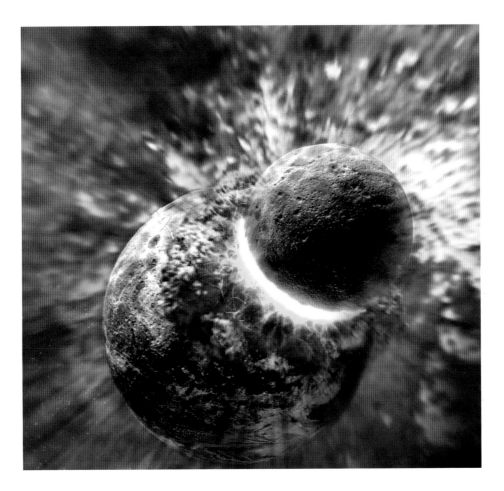

能量现在还未得到充分的证据证明其存在。现在他们正在对暗能量做深入的理论研究和观测测量，以确定它的密度究竟是在减小，还是保持不变，或者在不断增大。还或许像某些专家认为的那样，暗能量是可以形式转换的。

2003年5月，美国新罕布什尔达特茅斯大学的物理学家罗伯特·卡德威尔提出了这种宇宙壮烈死亡的观点。

卡德威尔说："直至不久前，我们还认为宇宙可能有两种结局：向内收缩挤压崩溃，或者无限地膨胀，密度无限地稀释，现在我们认为可能还存在第三种可能，即大撕裂。宇宙将在数百数千亿年后毁于更为可怕的大撕裂。

卡德维尔认为，到那时，由宇宙暗能量质变生成的"幻能"将撕裂宇宙中的一切物质，哪怕是一颗微小的原子核。

Yu Zhou
Hai Hui
Bao Zha Ma

宇宙
还会爆炸吗

关于宇宙常量

美国普林斯顿大学的波尔·施泰恩加德和英国剑桥大学的尼尔·图尔克这两名理论物理学家在2011年共同提出了一个理论，即宇宙大爆炸发生了不止一次，宇宙一直经历着"生死轮回"的过程，而人们所认为的140亿年前的宇宙大爆炸并非宇宙诞生的绝对起点，那只是宇宙的一次新生。

两位科学家是在对宇宙常量的大小计算中发现这个理论的。

科学界一直都试图解释的一个问题是，为什么自然界中的那么多常量的值都是那么正好，刚好让生命存在。

所谓宇宙常量，是对真空中的能量的数学表述，并用希腊字母的第十一个字母"拉姆达"表示，这种能量也被认为是神秘的暗能量，而这种神秘能量正在让宇宙不断加速膨胀。

宇宙常量该有多大，是宇宙大爆炸发生次数的关键。

如果"拉姆达"太大，那么宇宙就会在大爆炸后立刻迅速膨胀并撑破，就像吹爆的气球，那么生命就不可能在百

亿年后存在了。一位宇宙专家曾经说，"拉姆达"的值是物理学中最神秘的事物之一。它让人们非常迷惑。

科学家的研究

科学界甚至出现了"人择原理"，即宇宙常量恰当地选择了人类生存，而人类也恰好选择了在这样一个常量条件下出现，现在人类又回头研究着为什么宇宙常量大小会刚好让人类生存。

为了找到"人择原理"之外合理的解释，波尔·施泰恩加德和尼尔·图尔克利用宇宙大爆炸模型计算宇宙常量，但得到的结果要比实际观测到的宇宙常量大得多，是实际值的10的100次方倍，也就是根本不适合现在宇宙中的生命生存。

宇宙常量的大小说到底还关系到人类的生存。因此波尔教授和尼尔教授认为在宇宙大爆炸后宇宙常量，即暗能量都会随着时间的推移而减弱。

但是，经过了进一步的计算之后，他们发现140亿年根本不够将爆炸后的值减弱到现在这个值。剑桥大学的尼尔教授说："人们认为时间开始于那次大爆炸，但从没有一个合理的解释。而我们的推论看起来就非常的

宇宙中运行
的星体

其他科学家也证明了这种压力的存在。因为在宇宙中类似太阳这样的恒星多得很，故类似太阳的恒星光是处处存在的。

如此说来，产生生命推动孢子运动的光压力在宇宙中是客观存在的，且很普遍。

孢子是生命的种子

阿列纽斯认为：孢子在星际空间里被光辐射推着往前走，直至它掉到或落到某个行星上，在那里它就能发展成活跃的生命。

如果那个行星上已有生命，它就和他们竞争；如果还没有生命，但是条件具备，它就在那里定居下来，使这个行星有了生命。

阿列纽斯还认为，孢子有着厚厚的外衣保护，所以有很强的生命力，足以忍受住遥远的、寒冷的、没有水分和营养的星际旅途的各种艰难，而不丧失其复苏的能力。一旦由于纯粹偶然的原因，这些宇宙间的"流浪汉"来到了一个适宜生长的环境，便开始了征服这个星球的过程。

阿列纽斯的理论一度得到了许多学者的支持。但是，由于他主张生命在宇宙中是永恒的，是一直就有的，这就抹杀了生命有过起源的问题，把生命起源的探索推向不可追溯、不可认识的唯心领域，甚至为神创论者所利用。

生命起源的研究

科学的发展往往是曲折迂回的。多年来，一系列发现又重新唤起人们对生命天外来源说的热情。

首先是人们注意到，地球上的生命尽管种类庞杂，但它们却具有相似的细胞结构，都是由同样的核糖核酸组成遗传物质，由蛋白质构成活体。

这就使人们不能不问，如果生命果真是在地球上由无机物进化而来，为什么不会产生多种的生命模式？

其次，还有人注意到，稀有金属钼在地球生命的生理活动中，具有重要的作用。然而钼在地壳上的含量却很低，仅为0.0002%。

这也使人不禁要问，为什么一个如此稀少的元素会对生命具有如此重要的意义？地球上的生命会不会本是起源于富含钼元素的其他天体里？

第三，人们还不断地从天外坠落的陨石中发现有起源于星际空间的有机物，其中包括构成地球生命的全部基本要素。与此同时，人们也发现在宇宙的许多地方存在着有机分子云。这使许多人深信，生命绝不仅仅为地球所垄断。

再者，一些人还注意到，地球上有些传染病，如流行性感冒常周期性地在全球蔓延。而其蔓延周期竟与某些彗星的回归周期吻合。于是这使他们有理由怀疑，会不会有些传染病病毒来自彗星。如果这是可能的，那么当然也不会排斥有其他的生命孢子的传入。

生命起源的论证

近代对生命天外起源说的最重要支持，来自两个实验。

早在19世纪末，人们注意到，来自宇宙的星光在到达地球的途中，因被星际物质吸收，造成星光减弱。

近代利用人造卫星研究，把来自宇宙的星光展成光谱，发现在红外区

域和紫外区域均有吸收带。人们认为，吸收带是石墨构成的宇宙尘，也有人认为是硅酸盐尘，还有的认为是带有苯核的有机物，但实际模拟的结果却将其一一否定。

不久前，英国加迪夫大学教授霍伊尔重新进行研究，他的假定，宇宙中充满了微生物，正是微生物造成了星际消光。

根据这一设想，他用大肠杆菌进行模拟试验，结果在紫外区域0.22微米的波长范围里，找到了与星光相吻合的吸收带。另一个实验，是对生命在宇宙空间存活能力的研究。

1985年，彼得·威伯做了一项实验。他把枯草杆菌置于模拟的宇宙环境中进行紫外照射。结果发现枯草杆菌具有极强的耐受能力，有10%可存活几百年的时间。

他指出：这种"云"足以在显著短于枯草杆菌平均存活时间的范围内，从这个星球移向另一星球，从而把生命的种子撒向四方。由于多方的论证，生命起源于天外的学说已经取得了人们的重视。

当然，无论生命来自哪里与上帝毫不相干，只不过是一种自然现象。这也有助于人们在寻找无机物生成有机物的条件时，不再只从地球上寻找，而是关注宇宙的环境和条件。

Shen Me Shi
Yu Zhou
An Wu Zhi

什么是
宇宙暗物质

暗物质的提出

暗物质被认为是宇宙研究中最具挑战性的课题，它代表了宇宙中90%以上的物质含量，而我们可以看到的物质不到宇宙总物质量的10%。1957年，诺贝尔奖的获得者李政道更是认为其占了宇宙质量的99%。暗物质无法直接观测得到，但它却能干扰星体发出的光波或引力，其存在能被明显地感受到。科学家曾对暗物质的特性提出了多种假设，但直至目前还没有得到充分的证明。

几十年前，暗物质刚被提出来时仅仅是理论的产物，但是现在我们知道暗物质已经成为宇宙的重要组成部分。暗物质的总质量是普通物质的6.3倍，在宇宙能量密度中占了1/4，同时更重要的是，暗物质主导了宇宙结构的形成。

暗物质的本质现在还是个谜，但是如果假设它是一种相互作用亚原子粒子的话，那么由此

形成的宇宙大尺度结构与观测结果相一致。不过，最近对星系以及亚星系结构的分析显示，这一假设和观测结果之间存在着差异，这同时为多种可能的暗物质理论提供了用武之地。通过对小尺度结构密度、分布、演化及其环境的研究可以区分这些潜在的暗物质模型，为暗物质本性的研究带来新的曙光。

暗物质存在的证据

大约65年前，第一次发现了暗物质存在的证据。当时，弗里兹·扎维奇发现，大型星系团中的星系具有极高的运动速度，除非星系团的质量是根据其中恒星数量计算所得到的值的100倍以上，否则星系团根本无法束缚住这些星系。

之后几十年的观测分析证实了这一点。尽管对暗物质的性质仍然一无所知，但是到了20世纪80年代，占宇宙能量密度大约20%的暗物质已被广为接受了。在引入宇宙膨胀理论之后，许多宇宙学家相信我们的宇宙是平直的，而且宇宙总能量密度必定是等于临界值的。

与此同时，宇宙学家们也倾向于一个简单的宇宙，其中能量密度都以物质的形式出现，包括4%的普通物质和96%的暗物质。但事实上，观测从来就没有与此相符合过。虽然在总物质密度的估计上存在着比较大的误

差，但是这一误差还没有大到使物质的总量达到临界值，而且这一观测和理论模型之间的不一致也随着时间变得越来越尖锐。

暗能量的作用

当意识到没有足够的物质能来解释宇宙的结构及其特性时，暗能量出现了。

暗能量和暗物质的唯一共同点是它们既不发光也不吸收光。从微观上讲，它们的组成是完全不同的。更重要的是，像普通的物质一样，暗物质是引力自吸引的，而且与普通物质成团并形成星系。而暗能量是引力自相斥的，并且在宇宙中几乎均匀地分布。

所以，在统计星系的能量时会遗漏暗能量。因此，暗能量可以解释观测到的物质密度和由暴涨理论预言的临界密度之间70% ~ 80%的差异。

之后，两个独立的天文学家小组通过对超新星的观测发现，宇宙正在加速膨胀。由此，暗能量占主导的宇宙模型成了一个和谐的宇宙模型。最近威尔金森宇宙微波背景辐射各向异性探测器的观测也独立地证实了暗能量的存在，并且使它成为标准模型的一部分。

暗能量同时也改变了我们对暗物质在宇宙中所起作用的认识。按照爱因斯坦的广义相对论，在一个仅含有物质的宇宙中，物质密度决定了宇宙的几何，以及宇宙的过去和未来。加上暗能量的话，情况就完全不同了。

首先，总能量密度决定着宇宙的几何特性。其次，宇宙已经从物质占主导的时期过渡到了暗能量占主导的时期。

大约在"大爆炸"之后的几十亿年中暗物质占了总能量密度的主导地位，但是这已成为了过

去。现在我们宇宙的未来将由暗能量的特性所决定，它目前正使宇宙加速膨胀，而且除非暗能量会随时间衰减或者改变状态，否则这种加速膨胀态势将持续下去。

促成宇宙结构的形成

不过，我们忽略了极为重要的一点，那就是正是暗物质促成了宇宙结构的形成，如果没有暗物质就不会形成星系、恒星和行星，也就更谈不上今天的人类了。

宇宙尽管在极大的尺度上表现出均匀和各向同性，但是在小一些的尺度上则存在着恒星、星系、星系团、巨洞以及星系长城。而在大尺度上能够促使物质运动的力就只有引力了。

但是均匀分布的物质不会产生引力，因此今天所有的宇宙结构必然源自于宇宙极早期物质分布的微小涨落，而这些涨落会在宇宙微波背景辐射中留下痕迹。然而普通物质不可能通过其自身的涨落形成实质上的结构而又不在宇宙微波背景辐射中留下痕迹，因为那时普通物质还没有从辐射中脱耦出来。

另一方面，不与辐射耦合的暗物质，其微小的涨落在普通物质脱耦之前就放大了许多倍。在普通物质脱耦之后，已经成团的暗物质就开始吸引普通物质，进而形成了我们现在观测到的结构。因此这需要一个初始的涨落，但是它的振幅非常非常的小。这里需要的物质就是冷暗物质，由于它是无热运动的非相对论性粒子而得名。

100亿光年外暗物质星系

质量最小的天体

2011年初，天文学家们探测到一个远在100亿光年之外的"伴星系"，它属于一个所谓的"暗矮星系"类别。这是迄今在这一距离上探测到的最小质量天体。

科学家们认为这一星系中含有神秘的暗物质。这一发现将为天文学家们提供重要线索，帮助他们理解宇宙最初是如何逐渐构建起自身结构的。这是迄今在我们所观测宇宙范围内发现的第二例此类星系，也是目前为止距离我们最遥远的一例。

天文学家们认为，我们银河系这类大型星系正是在数十亿年的漫长时间内逐渐由这些小型的星系聚合而成的。但是天文学家们此前却一直未能如预料的那样找到更多此类卫星星系或者遥远的此类星系。但即便现在找到了两个这样的星

触须星系

　　在交互作用星系中比较著名的是触须星系，现在正处于合并阶段。这个被称为NGC4038群的集团总共有5个星系，而正在碰撞中的星系被称为触须星系，这是因为经由星系碰撞后产生由恒星和气体尘埃组成的两条长尾，很像昆虫的触须，因而得名。

　　在最近的4亿年内，触须星系的核心因碰撞合而为一，并且被恒星与气体包围着。观测和对星系碰撞的模拟认为触须星系将会发展成为一个椭圆星系。

Yuan Shi Zhong
Wei He
You An Ji Suan

陨石中为何
有氨基酸

南极洲的陨石

从太空落到地球上的陨石，如果有落入南极的，就会被严严实实地深埋在冰雪之下。这样它们就不会风化变质，从而改变那原始的面貌，因此也备受科学家的重视。

南极洲的陨石非常丰富，近20年来，科学家已经在那里发现了五六千块陨石，大大超过了其他各洲数千年来采集到的陨石数总和。

1980年，美国科学家对南极维多利亚地区的阿伦丘陵地带的一块陨石进行检验，在切割时发现它异常坚硬，连锯条对它都毫无作用，于是便对其中的一小块进行金相学和衍射的分析。

检验结果表明，这块陨石内含金刚石、郎士德珊瑚石和石墨。以前在陨石中尚未发现过金刚石晶体，但这些陨石中的金刚石是怎么形成的呢？

南极为何是陨石宝库

　　在南极冰盖的某些地区，为什么能有大量的陨石被集中地发现呢？是不是在南极从天而降的陨石特别地多呢？

　　其实，在世界各地，陨石出现的可能性是大致相等的，只不过降落在南极的陨石更加容易被保存下来，并且非常容易被冰盖考察的科学家发现罢了。

　　降落在南极冰盖上的陨石会深深地钻入冰面以下，由于南极寒冷洁净的自然条件，这些陨石被很好地保护起来，并随着冰川的流动而运动。

　　当冰川遇到内陆山脉和冰盖下隐蔽的山脉时，由于冰下地形的影响，冰被拦阻后不断上升，表层冰雪不断升华，有些地区冰的抬升速度和升华速度大约是0.1米，使冰中的陨石距离冰面越来越近，埋藏越来越浅，最终暴露在冰雪表面，并逐步集积在阻挡冰流的山脉处。

在南极冰盖纯白色的冰面上，这些黑褐色的陨石是非常显眼的，甚至在很远处就可发现。

存在于南极冰盖中的陨石，随冰雪的流动被一同推往大海的方向，其中绝大多数陨石将最终掉入大海，被人类发现的只是其中极小的一部分。

研究南极陨石

科学家在对南极陨石的研究中，还发现了几块高含量的碳质球粒陨石，其中含有两种氨基酸。

一种是地球生物体上存在的氨基酸，另一种是地球自然界中未曾发现过的。

于是，有些人对这个重要发现提出怀疑。科学家认为，这些氨基酸很可能是受地面污染后产生的。

有科学家很早就提出这样一个理论，说如果南极陨石上真含有氨基酸，地球上的生命或许就是当年这些陨石携带进来的有机物质在海洋里经过亿万年的化学变化过程而诞生的。反过来说，如果地球外有氨基酸存在，那么，说明地球外一定有外星生命和外星人存在。南极陨石中存在的奥秘或许就是地球生命起源的奥秘吧！

所以会重新回到地球表面，从而增加空气中氧气的含量。

通过上面的介绍不难明白，尽管空气中每时每刻都有大量的氧气消耗掉，但是又有植物光合作用及海洋海藻、地壳深处放出大量的氧，太阳又使水蒸气分解产生氧。这样，氧气的来源广泛且不断，地球保持着大气中氧气的收支平衡，使氧气占大气含量按体积计算基本保持在1/5左右。所以，地球上的氧气是用不完的。

| # 臭氧层为何出现破洞

臭氧层上的大"窟窿"

数年前，有科学家惊奇地发现：在南极大陆上空大气同温层中的臭氧层出现了一个神秘的大"窟窿"，臭氧层对人类的生存是极其重要的，没有臭氧层，地球上的一切生灵将如同热锅上的蚂蚁一样。

美国一位科学家认为，臭氧层破洞的产生原因是南极上空的氯原子，在演化物的催化下破坏了臭氧分子，从而使臭氧层出现破洞。

美国另一位科学家认为，南极同温层中有大量独特的极地同温云，其中的某些物质会促使臭氧分解，导致破洞出现。他还认为，可能是氟氯化碳"吞噬"了臭氧。后来，有的科学家证实，有云的地方臭氧损失较多，而没有云的地方臭氧损失不明显。

臭氧洞能补上吗

　　由于氯原子对臭氧有极大的破坏作用，所以美国加利福尼亚大学的沃思教授提出：从陆地向高空发射强大的电波，利用电场加速高层空间的微量等离子中的电子运动，靠冲击电离使电子增殖，增殖的电子可使氯原子通过吸收电子转变为带负电荷的氯离子。由于臭氧本身具有较强的正电性，容易变成负离子，因此，二者相互排斥，难以结合，这样就减少了氯原子对臭氧的破坏作用。

　　还有人提出用照射人工光束来修复臭氧层。就是利用可产生强烈光线的激光器放射波长为157纳米的紫外线，把氧分子分解成氧原子，进而使臭氧大量增加。但从陆地向高空照射，紫外线会被下层大气吸收，不能到达理想高度。因此，采用人造卫星和球形瓶照射的方法效果才会理想。

Shen Mi De Dian Bo Lai Zi He Fang | 神秘的电波来自何方

奇怪的电波

1924年8月，美国海军捕捉到一种奇怪的电波。阿姆哈斯特大学的天文学教授迪皮德·特德博士认为，这种电波有可能是"宇宙人发来的信号"。这种奇怪的电波仍在不断地出现。

有人经过研究后发现，发往空中的无线电波脉冲在相同的时间间隔内收到了两个回波。其中一个是从大气的电离层反射回来的；而另一个却不知是从哪里反射回来的。

人们估计另一个回波可能是从电离层外、月球轨道之内反射回来的。英国一位天文学家估计，这个反射回波的物体可能是牧夫星座中的某个星球发射的宇宙飞行器。究竟是什么东西，无人知晓。

科学的研究

1960~1976年，美国执行两期"奥兹玛"计划，以便捕捉研究各种奇怪的电波。在执行第二期"奥兹玛"计划时，利用世界上最大、最精密的射电望远镜对地球附近的650颗类似太阳的恒星观察了近4年时间，结果收到了10多颗恒星异常的信息。但是，这些信息是智慧生物发出的，还是天然无线电波的噪声？至今还无法确定。

从1985年开始，美国实施"米塔"计划，用840个无线电频道对宇宙天体进行扫描，其规模相当于1分钟完成100万个"奥兹玛"计划。1992年美国又实施寻找外层空间智慧生物的"凤凰"计划，利用当时最大的天文望远镜和射电望远镜搜索宇宙中各类天体传来的不同波长的无线电信号，但至今仍无任何音信。

纬度30度线
是什么线

十大死亡旋涡区

谈到纬度30度线，人们一定不会忘记令全球飞行员、航海家谈之色变的海难、空难事故最为频繁的海域，也就是十大死亡旋涡区。

十大死亡旋涡区分别是百慕大三角海域、龙三角海域、太平洋夏威夷到美国西海岸之间的海域、地中海及葡萄牙海岸附近海域、阿富汗附近海域等5个北纬30度线上的死亡旋涡区，以及位于非洲东南部沿海海域、澳大利亚西海岸海域、新西兰北部海域、南美洲东南部海域、南太平洋中部海域等5个南纬30度线上的死亡旋涡区。

令人感到神奇的是，这些旋涡区在地球上正好以等距离分布，若把这些旋涡区用线段连接起来，整个地球将被划分成20多个等边三角形；而每

个死亡旋涡区又正巧在这些等边三角形的接合处。

探险家发现壁画群

撒哈拉大沙漠同样位于纬度30度附近，在19世纪，探险家就在北部沙漠高原荒凉的山崖上发掘出长达数千米的彩绘壁画群。

壁画的内容丰富多彩，不仅包括动植物、古人生活场景，而且还有一些叫不出名字的生物和模样怪诞的人。

特别是在一些手持长矛、弓箭的虎视眈眈的武士旁边，站着许多怪异的陌生人。他们一个个头戴圆形的潜水帽，形状就像今天处于失重状态的宇航员。

科学家们已经考证出：这些惟妙惟肖的壁画至少有6000年的历史。

人们难以想象，在这样炎热干燥缺水且每日温度高达70摄氏度的地方，竟有如此神奇的人文历史景观。

考古学家发现水晶头盖骨

1927年，英国考古学家米歇尔·汗吉斯带着女儿，不辞艰辛地深入北纬30度两侧玛雅人聚居的丛林中考察，偶然发现一颗用整块水晶石镂刻成的、与真人头盖骨一样的水晶头盖骨。

据专家估计，这颗水晶头盖骨至少有10万年的历史。那么，

10万年前，古玛雅人又是怎样把整块坚硬的天然水晶石加工得如此精细，形态如此逼真？玛雅人加工水晶头盖骨的目的又是为什么呢？

多年以后，保存这颗水晶头盖骨的汗吉斯的女儿声称：这颗水晶头盖骨有一股神奇的魔力，能治病，她与水晶头盖骨朝夕相伴数十年，至今快90岁的人了，仍然非常健康，看上去比同龄人还年轻。

人们传说，这13颗水晶头盖骨中隐藏着人类过去、现在及未来的种种秘密，储存着人类起源、宇宙生命之谜的信息。

神秘的北纬30度线

位于北纬30度线上的还有：古埃及金字塔群和狮身人面像，传说中沉入海底的大西洲。另外还有密西西比河、尼罗河、幼发拉底河入海口，世界最高峰珠穆朗玛峰，世界最深的海沟马里亚纳海沟，世界含盐量最高、浮力最大的湖泊——死海……

这一个又一个的奇闻本来就已经很神秘了，但是它们偏偏又都位于纬度30度附近，这就更让人感到不可思议了。看起来，要揭露纬度30度的这个神秘地方的真相，还有待于科学的研究。